Poking Out of The Universe

伸出宇宙外的手

〔美〕李杰信
张宏宇　著

科学普及出版社
·北京·

图书在版编目（CIP）数据

伸出宇宙外的手 /（美）李杰信 , 张宏宇著 .
北京 : 科学普及出版社 , 2024. 9. -- ISBN 978-7-110
-10798-0

Ⅰ . P1-49
中国国家版本馆 CIP 数据核字第 2024SK7191 号

著作权登记：01-2024-0895

策划编辑	单 亭 许 慧
责任编辑	向仁军
封面设计	中文天地
正文设计	中文天地
责任校对	张晓莉
责任印制	李晓霖

出 版	科学普及出版社
发 行	中国科学技术出版社有限公司
地 址	北京市海淀区中关村南大街 16 号
邮 编	100081
发行电话	010-62173865
传 真	010-62173081
网 址	http://www.cspbooks.com.cn

开 本	710mm × 1000mm　1/16
字 数	200 千字
印 数	1-5000 册
印 张	14.5
版 次	2024 年 9 月第 1 版
印 次	2024 年 9 月第 1 次印刷
印 刷	北京荣泰印刷有限公司
书 号	ISBN 978-7-110-10798-0 / P · 245
定 价	78.00 元

序
——一位优秀的宇宙公民

看到李杰信博士新作《伸出宇宙外的手》的目录，就被深深地吸引，本书主要解答人类科学中物理、生命等前沿领域的困惑，但同时也有一丝担忧，解释如此高级别的科学问题，会不会晦涩难懂？粗略浏览，发现书中并不存在难懂的公式，反而有大量美的难以挪开眼睛的图片，不觉从第一篇读起，发现了许多从未想过的问题和从未听说现象，进入了一个全新的世界。

在这个全新世界里，有许多新奇事物：黑洞遵循马太效应，越大越能吃，越小越蒸发，将来会把吃进去的都吐出来；光不仅沿直线传播，还能螺旋跳舞；物质除了固液气三态，还有太空中的电浆态；穿越剧许多是不符合物理逻辑的，因为时间维度上只允许前进不允许后退，也就是只能穿越到未来，不能穿越回过去；知道了因为量子纠缠存在，瞬间移动理论上是可实现的；真空中并不是什么都没有，而是有能量且在不断增加；量子力学中的事物是以概率形式存在的；理论上我们的宇宙不是唯一的；高效的反物质助推器或许可以让地球成为飞船，在太空中遨游；深度睡眠时，血液会"冲洗"我们的大脑，可以帮我们清除毒素；用光了石油能源，人类还可以用太阳能、生物能源来代替；探测火星时不仅仅是发射一艘火星飞船就够了，还需要考虑飞船在飞行过程中与地球的通信方法；航天器在火星着陆，不仅可以用降落伞，还有不倒翁和反推火箭形式；火星上曾经有水，有可能曾经存在过生命；地球上最初的生命可能是撞击地球的陨石带到地球上的……如果想投身科学研究，这些新奇的点，每一个都值得我们终身探索。

在《天外天》书中，李博士毫无保留地将他一生总结的学习方法介绍给我们："阅读，是我终身的承诺。""坐看云涌，顿有所悟，突然有天就会首尾相通，连'点'成'线'。"如何点线勾面，架构宏观整体体系，这样再学习新知识，可不断地补充体系，同时由体系向外延伸，这种方法用于学科学习，可快速提高学习成绩，更适用于构建人生知识架构，是终身学习的捷径。

一个人一生的成就与一个人的境界相关。如果你没时间通读全书，建议你仔细研读本书的最后两篇文章：李博士在美国国家航空航天局（NASA）工作 40 多年的科研经历。读完这两篇文章就能了解，李博士为何具有带我们打开另外一个世界的能力。

李博士出生在中国大陆，不到 6 岁时，跟随家人在战乱中从沈阳步行到广州，该经历既是对人生的考验、毅力的锻炼，也是人生思考的开始；从大陆到台湾，再到美国，李博士先后就读于 6 所小学，锻炼了他适应各种复杂环境的能力。工作后，先是在美国国家航空航天局喷气推进实验室（JPL）工作 9 年，因工作出色被美国国家航空航天局调到总部。在这个更高平台上，44 岁的李博士下定决心，站在领域的科学前沿，拓宽知识面，转行做一名科学管理人员，从而将自己单一做研究的视角，转向了"方外看世界"，立志"跳出地球人类文明的局限，终其一生，不从政、不经商，只做宇宙公民。"虽然李博士是这样说，但是我认为李博士应该是在他 6 岁南迁时便开始了人生思考，他早已践行了简单的做人原则，不追求名利。从他负责科学管理开始，他的一生便开始为科学及科学家服务，尽自己的努力让科学家多出科研成果，也就是做一个帮助他人取得成果的管理科学家。这项工作看起来仅是将科研经费分配给科学家，但要做好，却对人的综合素质要求极高，需要的不仅仅是对科学管理方面的知识和科学专业问题的深入理解，更重要的在看待人、物、事的层次上要比科学家更高一个层次，才能协调好各方面工作。李博士经过40多年的努力，在他管理的太空项目中，有6位研究员获得诺贝尔奖。如果李博士不是选择科学管理，而是在他原来的岗位上，相信李博士也有可能是诺贝尔奖获得者。李博士选择将自己定位在帮助他人成功，看到他人在自己努力下获得成果，这比自己成功还开心，这本身就是一种人生境界。

读完全书，意犹未尽，爱不释手，幸而这不是李博士唯一一本科普书，李博士已经出版了：《追寻蓝色星球》《我们是火星人？》《生命的起始点》《别让地球再挨撞》《天外天》《宇宙起源》《宇宙的颤抖》《火星，我来了》。李博士现已退休，仍在不停地阅读、学习，研究最前沿的文献，结合故事性、趣味性，将枯燥的顶尖学术研究与成果，用他幽默、风趣、简洁、优雅的语言，以科普的形式展现给我们，希望能点燃青少年一代的求知欲，发奋读书，奔向科学的前沿。

李博士在退休的时候获得了美国国家航空航天局"杰出成就奖章"，这是美国国家航空航天局的最高奖项，也是对他在美国国家航空航天局工作40多年工作的肯定。李博士长久以来始终关心中国的科普事业，在美国创立了"美国促进中国科普协会"，并出任会长，致力推动中国青少年的科普活动，曾举办了两届"中国青少年航天飞机科学实验活动"，参与的中学生达1.2亿人之多。经过他8年的不懈努力，5位中国内地和香港青少年航天爱好者设计的太空实验载荷，在1992年和1994年两次成功乘坐美国的航天飞机飞上太空。国内当前科普类的作品不胜枚举，但我一直持有一种观点，科普作品最好是顶级大家来做、来写，就像陈年老酒必须经过时间的发酵才能香醇无比，科普

也是一样，必须将道理悟透后，才能一语道破真谛。李博士不仅自身是科学家，并且管理的科学项目都是由世界顶级的科学家承担，因此李博士的科普著作绝对是科普著作中的优秀杰作。

我推荐该书，不仅是因为李博士能将最前沿深奥的科学知识以通俗简洁的语言表达出来，更重要的是，从书中可以感受到李博士一生高尚的价值追求，这才是本书的灵魂与价值所在，因为它会引发读者对人生的思考。李博士自称为"宇宙公民"，我想说的是，他是一位优秀的宇宙公民！

国际欧亚科学院院士、
中国科技体制改革研究会理事长
2024 年 3 月

自序

　　这本书呈现的形态，对我来说是一个新的尝试。

　　我一辈子以太空物理学研究为事业，每天想的事就是科学原理。整个宇宙必须按科学规律办事，否则飞机就上不了天，火箭就到不了火星。所以，我过去20多年写的多本科普书籍，着力点就是要把科普知识的科学原理说清楚，一板一眼，完整呈现，绝不含糊。结果呢？我自己满意了，但读者却纷纷诉苦：李杰信先生，内容有些深奥哦！

　　退休后，属于自己的时间多了，可上网驰骋的领域无边无际，网上的辞藻精彩绝伦。我发现：不得了，科普知识竟然有这么多渠道传播啊！

　　以视频出场的，属自媒体，加上带货，主播们神采飞扬、口若悬河。较朴实的有公众号文章，定时上传发布，读者关注后可向作者提问互动，瞬时解惑。所以，当张浩淼先生所带领的团队向我建议在公众号发表科普文章后，我就欣然接受了这个挑战，每星期一篇，谈李杰信的宇宙观。我口述后，由张宏宇先生整理成章。宏宇好马快刀，是一位难得的年轻人！

　　这60篇公众号文章和我以往的书有很大的不同。在公众号上可与读者互动，短文常是围绕着他们的提问展开，包括宇宙观测、量子纠缠通信、光和时间的本质、爱因斯坦的相对论、地球温室效应、生命科学演进、火星探测和我自身经历过的诸多科学突破事件等。写文章时，我也不再像以前写书一样，纠结于背后物理理论的清晰完整性，只以解惑为主，做到浅显易懂，讲大道理部分，点到为止。另，有些读者建议把这些短小精悍的文章结集成书，以便能在有闲时参阅前后篇章并进行思考。虽然书中每篇文章出现的顺序并不重要，但我们还是把这 60 篇文章分成六部分，加上引言，只要读者能沉下心来仔细体会，就会有巨大收获。

人类遗传基因中的缺陷，导致人类好战嗜杀。我一生沉浸在浩瀚宇宙的境界，从年轻时就决定跳出地球人类文明的局限，不从政、不经商，谨守着人生几个简单的基本做人原则，只做宇宙公民。

现在的宇宙仍在继续膨胀，如果没有新的外力介入，宇宙空间将永远膨胀下去。我们既不能看到它的开始，又不能见证它的结束。宇宙，无始无终。对于我们的生命而言，定是从某一时间起始，又在某一时间终结。生命，有始有终。

探索未知是深植在我们基因里的原始呼唤。我的一生，就是用有始有终的短暂生命，探索无始无终的永恒宇宙，这让我略感悲怆和无奈，但也让我更加热情和努力。

目录
CONTENTS

世界前沿科学研究

火星探测

宇宙科学

多数人都曾经思考过一个"终极问题"，即自己是从哪儿来？到哪儿去？有些人跟随脑海中思路的蔓延，会联想到"无边无际"的浩瀚宇宙，感慨当地球毁灭后，甚至太阳系毁灭后，那无穷无尽的时间、空间将何去何从，继而倍感孤寂。

　　为何人类会有这样的想法？只因探索未知是深植在我们基因里的原始呼唤，对陌生、不了解的事物，我们总会好奇，这也是人类研究宇宙科学的起始点。人类对宇宙的探索，是从"我们不知道我们不知道"到"我们知道我们不知道"，最终努力实现"我们知道"的过程。

　　本章内容，正是宇宙科学发展至今，部分基础理论的精华提取，是我们为大家准备的"开胃小菜"，了解这些内容，你不仅会打开宇宙探索的大门，也将对宇宙的秘密更加着迷。

1 哪些领域属于"上帝的地盘"？

我叫李杰信，是名科学家，在美国国家航空航天局工作了 40 多年。我这大半辈子都在探索未知的宇宙，如今退休了，想把我这些年探索到的未知和大家说一说。

每个人都有探索未知的欲望，欲望的强烈程度决定了探索未知的深度。或许我的欲望强烈一些，愈困难、愈探索，愈探索、愈迷惑，这大概就是我在 NASA 工作了 40 多年的原因吧。

这本科普书的第一篇文章，我先要在这里和大家说一句："有些事情科学管，掌握在人类手里；有些事情科学不能及，就被上帝抢过去管。并非所有事情都能通过科学解决，也并不是所有事情都要问上帝。"

◎ 将科学与上帝划清界限

曾经，毛泽东与物理学家杨振宁探讨过这么一个问题："将一块物质无限制地一分为二，会不会有尽头呢？"

毛泽东是唯物论者，他认为，依据唯物论的理论观点，万物都是可以无限切分的，一直到无穷小，接近到无。然而在科学领域，并非如此。

我们都知道，在物理学中，一旦长度小于 10 的负 35 次方（10^{-35}）米时，人类便无法以目前已知的物理规律去理解它。同样的，当时间短于 10 的负 43 次方（10^{-43}）秒时，人类也无法以已知的物理规律去预测它的下一个动作。于是，我将长度小于 10^{-35} 米、时间短于 10^{-43} 秒的领域，统称为"上帝的地盘"。

然而，不管时间再短、体积再小，肯定会有一个物理规律约束它们，只不过从目前人类研究的科学领域尚无法获知。也正因如此，许多宗教派就振振有词地把它归于上帝管辖。毕竟在"上帝的地盘"，他全知全晓，以前问过的、现在还没问过的人类所有疑惑的问题，上帝一步到位，全有答案。

◎ 把"地盘"交给上帝，我们并不情愿

不过，我们一直在侵犯"上帝的地盘"。原因很简单：人类无法用科学解释的问题，那便归于上帝，但随着我们不断地探索与发现，对生命、宇宙的了解愈来愈深，"上帝的地盘"也就愈来愈小了。

作为人类，探索未知是深植在我们基因里的原始呼唤，于是我们不断探索，终于把物质切分到 10^{-35} 米，追溯宇宙的起源至宇宙大爆炸后 10^{-43} 秒。然而，这并不是终点，我们当然想让小于这两者的时间长度、物质仍遵循物理规律，只不过现在我们还不了解这些物理规律罢了。

我一直期待着，人类可能将粒子体积切分到更小，或是把时间精确到更接近宇宙大爆炸的瞬间，让我们了解宇宙从无到有，瞬间膨胀的过程……

当有一天，人类做到这种程度，"上帝的地盘"也就微乎其微了。

◎ 我用"有始有终"探究"无始无终"

其实，我们无非想要追寻宇宙最初的样貌。然而这一问题的难度不在于我们是否能够一路推到宇宙"出生"的 0 秒，而在于突破 0 的关卡，去看宇宙出现的"昨天"是怎样一番光景。

现在的宇宙仍在继续膨胀，如果没有新的外力介入，宇宙空间将永远

膨胀下去。我们既不能看到它的开始，又不能见证它的结束。宇宙，无始无终。

好在，人类到今天已经有了许多科研成果，我们已经在大举侵犯"上帝的地盘"。当然，宇宙仍有着无数的未知，这将指引着我们继续前行。而我，也将一直走在科普的路上，将我这些年探索到的未知，与你分享。

2 质子与中子造就了生命起源

上文说到：探索未知是深植在我们基因里的原始呼唤。

我们对万事万物都是如此，对我们自己也应如是。最简单的一个问题：人类是怎么来的？

我想，我们应该分为两个时间段去讨论这个问题，而这两个时间段，应该是根据科学发展程度来划分的。

千百年前，人们并不知道物质的组成，也不知道最初的人类究竟从何而来，可总要为人类的存在找个说辞，于是便出现了许多"神话""文明"。神话中，上帝创造了人类，人类的一切、物质的起源都归上帝管。

然而，科学能解释的问题就不需要"上帝"了。当我们发现形成物质的分子、了解物质形成的过程之后，"上帝造人论"也就仅存在于宗教信仰中了。

神话有趣，科学有依据，下面我们就分别聊一聊二者世界中的生命起源！

◎ "神话国"里的人类起源

从西方文化说起,《创世记》(《圣经》中的第一篇章)中说:上帝第一天创造出光、暗,形成了昼、夜;第二天造出星空和水;第三天造出陆地、海洋、植物;第四天造出太阳、月球、星星;第五天造出水中的生命和飞鸟;第六天造出陆地上的动物(包括"统领万物"的人类);第七天上帝有点累了,休息一下。

而中国文化中的人类起源就有些尴尬了。盘古开天辟地、呕心沥血,将血肉躯体化为神州大地上的日月星辰、四极五岳、风云雷霆、田土草木、雨泽江河。然而,当他"竣工"以后才发现:哎?我忘了造人了!想必人们听到这个节骨眼上就有点儿失望了,原来我们人类是可有可无的啊。

不过没关系,我们还有女娲!女娲造人的故事似乎同《圣经》中有些类似,都有"七天"的概念。她预留了六天创造鸡、狗、羊、猪、牛、马等六种重要畜生,第七天到河边,比着自己的样子造了"小人"。

以此两种理论为根基,人类便把生老病死、生命中的不幸等问题用"上帝"的意愿做解释。然而,科学家是绝对不允许上帝"横行霸道"的。于是,我们不断探索,终于从科学的角度解决了人类起源的问题。

◎ 地球生命的时间线

那么在科学的世界里,生命、人类是如何出现的呢?

45.5亿年前,太阳系和地球同时形成了。这时候,地球上都是熔岩,并且不断有小行星、彗星撞击。小行星上有大量的结晶水,在撞击地球的同时也为地球带来了水,于是42亿年前地球上出现了海洋。

地球被海洋覆盖,却也有一些"陆地",两者交汇,在日光照射下,形成了一洼洼的"原始浓汤"。在"浓汤"里头的分子很可能通过量子力学的筛选，孕育出了地球最原初的生命化学分子。

然而，陨石风暴还在继续，生命化学分子需要"防空洞"，于是它们就钻到了地底下。直到 39 亿～38 亿年前，陨石风暴停止，它们才回到地面，重见天日。最早的有生命特质的化石出现在 39 亿年前。之后的标志性进展则是 35 亿年前，第一个单细胞生物——蓝绿藻出现了。

再之后的事情不用多说，想必大家都能理解：生物不断演化，从单细胞到多细胞，从植物到动物。到今天，人类已经可以追溯自己的本源了！

但还有一个问题没解决——在地球上无处不在的分子是从哪儿来的？

◎ 质子、中子与人类的出现

分子由原子组成。古希腊哲学家在 2400 多年前就已有原子的概念，现代人对原子一词的定义：原子为保持物质化学性质的最小粒子。在科学不断探索的过程中，原子又被"剖开"，我们又发现了原子核，而后又发现了质子和中子（图 2-1）。到此，我们就快接近发现物质组成的核心秘密了。

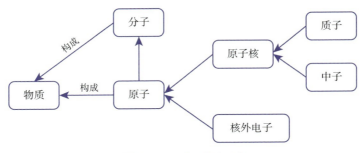

图 2-1　物质组成的概念

质子和中子是什么时候出现的？上次跟大家说到，我们已经把时间追溯到宇宙大爆炸后的 10^{-43} 秒（宇宙大爆炸瞬间还有其他的时间节点，如暴胀理论的 10^{-35} 秒，我们未来再为大家介绍）。而质子和中子，是在 138 亿年前，宇宙大爆炸暴胀冷却后的 3 分 46 秒出现的。中子和质子的形成过程，要通过爱因斯坦的质能公式：$E=mc^2$，才能现形。

现形后总数量就在宇宙中固定下来，成为宇宙中不可增减的"资产家当"，传了 138 亿年，还是一粒不多一粒不少。你我身体中，所有组成体蛋白的质子和中子，也是在宇宙大爆炸后的 3 分 46 秒时形成的。也就是在那个时候，埋下了未来生命出现的契机。

而后，质子和中子通过各种方式组合，形成物质。当然，也包括生命。这就有意思了：质子、中子充斥着宇宙的每个角落，以不同的"姿态"组合着，岂不是到处都能出现生命？

事实还真是这样的！物质随时随地可能出现，生命也可能如是。而你我的生命呢？通过我们身体中的质子和中子，竟然可一路追溯到 138 亿年前宇宙大爆炸后的 3 分 46 秒。这么说来，我们人类跟宇宙大爆炸的关系还真是密切呢！

3 你所不知道的光的故事

光在宇宙中是极特殊的存在，在初高中的物理课本中，"声光热电力"五大物理知识，有关光的内容也相对比较少。但人类对光的理解，是推动科技文明前进的主要动力。毕竟，光一出现就是以 30 万千米 / 秒的速度传播，对于我们来说，那是天文数字了。

走进光的世界，我们可能要抛弃之前生活中的感官认知，通过理论和"想象力"，来更深刻地了解它。

◎ "肆意传播"的光

光的特殊之处在于，它的传播不需要介质，相对于机械波的传播，它显得有些"肆无忌惮"。虽然光的"步伐"可以通过复杂的物理技术，变得像自行车的速度一样慢，但一般说来，很难有东西可以阻止光。

当然，这也有例外。在黑洞的事件视界，光会被"抓住"，在我们的视野中它不再向前传播。

相比其他机械波，光还有一个极其另类的特质。我们用声波举例，人说话就是在传递声波，而声波的传递需要挤压声带，从而发出声音，且传播的过程也是由声波和介质碰撞完成的。

光则不同，由于光是电磁波的一种，它本身有"电"与"磁"两种属性，所以在电和磁的转换过程中，光就传播了，不需要通过势能转化为动能来完成传播。

而至于光的螺旋传播，其实大家应该并不意外。我们之前就讲过：宇宙中所有的物理现象，动态是常态，静态是异态；旋转是常态，不旋转是异态。

光是电磁波，内含磁和电，让它们在相互转换的过程中维持不旋转传播几乎不可能。并且，宇宙中的物质本身就是旋转的，有的旋转速度还非常快，比如两个大质量的黑洞在旋转，它们的旋转速度甚至可以达到光速。换句话说，宇宙中能动的就不静止，能旋转的就旋转，动和转是宇宙常态！

◎ 光的传播速度由何而来?

我们已经知道,光的传播速度是 30 万千米 / 秒,但大家可能比较好奇这个速度是怎么得出来的。

奥利·罗默(Ole Romer)在 1668—1677 年这一段时间,观测木星卫星绕木星的运动时间,因为发现了绕行周期的不规律,才初步算出了光的传播速度,约是 22 万千米 / 秒。虽然有些误差,但至少能让我们知道,光的传播速度不是无穷大,而是有限的了!后续随着科技的发展,我们才将光在真空中传播的速度,确定为约 30 万千米 / 秒。

我要说:光的传播速度,是"我们的宇宙"中最大的一个常数。就好像万有引力常数,在全宇宙中也是固定的一样,光的传播速度是宇宙中的定数,一旦这个数值出现了变化,我们的世界可能会天翻地覆!

为什么呢?光的传播速度,极可能与万有引力常数,甚至和质子及中子的质量、暗物质及暗能量在宇宙中的比例等数值息息相关。宇宙现在的状态,符合人类研究出的一部分物理规则,光速是重要的规则之一,一旦它改变,太阳系和人类等可能不会出现,而且说不定宇宙中将会有其他物理定律,甚至产生另一种文明。

◎ 光是宇宙中的第一速度吗?

我们回溯宇宙起源,其实,在宇宙大爆炸后 10^{-35} 秒到 10^{-32} 秒,宇宙发生了暴胀,在这段时间内,它暴胀的速度是光速的 10^{23} 倍。

爱因斯坦的相对论,为宇宙提供了"游戏规则",而"游戏规则"则是在"空间"存在后才适用的。而暴胀的过程,恰恰是创造空间的过程,所以,在那瞬间,我们发现了超越光速的存在。

当然,在"我们的宇宙"中,是不能够超越光速的。这是大家都想问的问题：如果我们的速度够快，超越了光速，去把前一秒的光抓了回来，时空就完全不一样了，许多悖论就发生了。

我们现在看到一个人出车祸死亡了，我们跑到一个小时前，告诉他不要出门，那么他就不会死亡了。历史改变，未来就会随之改变，这一切就都不成立了。

从科学的角度出发，我们允许别人到达未来，因为你可以去看你未来的样子，结果是不会改变任何历史的。但我们不能回到过去，那样就全都"乱套"了！

光很有趣，因为谈到它，就不得不把宇宙起源的一些知识、爱因斯坦相对论等拿出来一起讲，甚至它还会给我们许多想象的空间。

4 隐藏在常识中的宇宙测量理论基础

通过前面的文章内容，我们明确了宇宙大爆炸后有几个关键时间点：

（1）宇宙大爆炸瞬间，释放出极大能量。

（2）宇宙大爆炸后 10^{-35} ~ 10^{-32} 秒，宇宙暴胀。

（3）大爆炸后的 3 分 46 秒，质子、中子等物质形成。

接下来，我们就来了解一下，宇宙大爆炸后的另外一个重要时间节点——37.6 万年。

这一时间节点，与"我们的宇宙，拥有平直几何的特性"有关，即我们的宇宙是在一个平直的几何面上膨胀的。

大家可以想象，宇宙大爆炸后的膨胀方式可以有很多种，比如"球形膨胀""马鞍形膨胀"……这也是爱因斯坦相对论的核心思维（图 4-1）。

宇宙膨胀的方式对于我们来说很重要，它既是科研结果，也是一些重要宇宙理论的基础，下面我们就来好好说说。

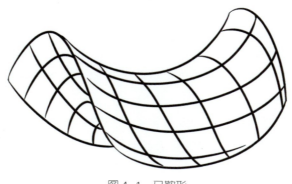

图 4-1　马鞍形

◎ 三角形的内角和是 180° 吗?

从小学开始，老师就告诉我们：三角形的内角和为 180°，这也是我们解几何题的重要理论基础，然而，三角形的内角和一定是 180° 吗？

答案当然是不一定！三角形的内角和是 180°，仅仅在平面几何上成立，一旦有了弧度，就完全不一样了。

如果是球型，用地球举例，我们想象任意两条起于北极点的经线和赤道形成的三角形。

由于经线和赤道是垂直的，那么这个三角形的两个内角已经等于了180°，所以三角形的内角和就一定超过了 180°，而这种三角形是存在于球面上的。

再说三角形内角和小于 180° 的情况，与球形相反，如果是在马鞍形上，那么三角形的内角和就一定小于 180°，我们看图就清楚了（图 4-2）。

在此基础上，我们就可以继续了解宇宙为什么是平直膨胀了。

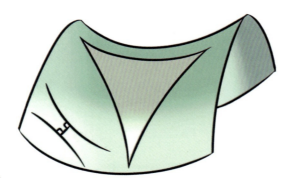

图 4-2　马鞍形上的三角形内角和小于 180°

◎ 37.6 万光年，宇宙的天尺

在质子、电子、中子等物质出现后，它们在宇宙中相互挤压、碰撞，这时候温度就升高了。在它们碰撞的过程中，光子当然不甘示弱，也将进来的质子、电子往外推，温度就降低了些。如此，一挤一推，就形成了宇宙电磁微波温度表现上的"声波震荡"。

说到这里，大家要先明白宇宙当时是等离子体，质子抓不住电子，整体带电。

好了，说回宇宙的状态，"声波震荡"一直到大爆炸后 37.6 万年，宇宙的温度降低到绝对温度 3000K，电子运动速度慢到可以让质子抓住了，质子正电加上电子负电，刚好中和为零，于是宇宙不再带电，光子不再被等离子体包围，也就从中逃逸出来，宇宙就"亮"了！

到目前为止，我们测量的宇宙背景微波辐射，都是发生大爆炸 37.6 万年后，宇宙被点亮"一瞬间"爆发出来的辐射。而在 37.6 万年被点亮的那一瞬间，宇宙就在天上留下了一把 37.6 万光年的"天尺"。这把珍

贵的"天尺"来自等离子体的"声波震荡",不难懂,但要花点篇幅才能解释清楚。但它的作用,与宇宙中的造父变星和超新星作为亮度的标准烛光一样,是天上一把量长度的标尺。有兴趣的朋友,可细读《宇宙起源》(科学普及出版社)一书有关"宇宙电磁微波"的章节,会有巨大收获。

◎ 如何测量出平直的宇宙?

了解以上这些后,我们终于可以进入正题。宇宙大爆炸后即开始膨胀,具体膨胀的方式我们预测有三种:球形、平面形、马鞍形。而 37.6 万年的瞬间,给了我们答案。

首先就是观测,我们用相对论算一下,37.6 万年时,宇宙的直径大小约是 8500 万光年。此时,从宇宙中心去观测 37.6 万光年长短的这把天尺,会有一个张角,我们观测出来的数据是 1°。

这就很让人激动了,刚才我们讲到:三角形的内角和不一定是 180°,也就是说,如果今天我们观测的张角大于 1°,宇宙则是球形膨胀的;如果今天我们测量的张角小于 1°,宇宙则是马鞍形膨胀的。

通过收集背景微波数据,我们可以得到当时背景微波的图像。

我们用第一代人造卫星宇宙背景探测器(COBE)收集数据,得到了这个图片(图 4-3),此时,我们收集的数据,因精确度不高,所以尚无法告诉我们宇宙是在何种几何面上膨胀的。

之后,人类在南极洲,用比宇宙背景探测器更精确的探测器测量,测量数据和理论数据对比,清晰显现出电磁微波在平面膨胀的特性(图 4-4)。随后,欧洲航天局发射的普朗克卫星又给了我们全新的、更精确的数据。

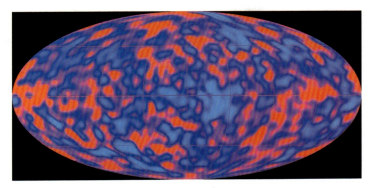

图4-3　宇宙背景探测器测量出的宇宙背景微波图像（资料来源：NASA/COBE）

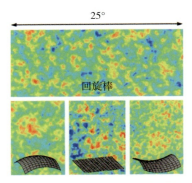

图4-4　南极洲测量出的宇宙背景微波在平面膨胀的特性图像
（资料来源：NASA/BOOMERANG）

　　科技水平在进步，我们测量的精度也在不断提升，但我们都得出了一个结论，就是我们的宇宙是在一个平直的几何面上膨胀的！换句话说，我们的宇宙，从37.6万年那一瞬间开始，连续不停地膨胀了138亿年，而这个拥有1°张角的等边三角形，竟然一直在一个平面上扩大，但还是和37.6万年时那个三角形相似，一点都没有变形，这也真是我们宇宙中的一桩奇迹事件。

　　宇宙平直膨胀，可以说是惊天动地的观测结果。举一个简单的例子，因为，如果宇宙是在一个平的几何面上膨胀，我们现在所有物质加上暗物质所产生的引力场，只占平直宇宙引力场所需强度的 32%，那么剩下的 68% 引力场是怎么产生的呢？暗能量的概念就此粉墨登场，它在 20 世纪末，也正因此被发现。

"我们的宇宙是平直的宇宙"。这句简单的结论，居然让我们研究了近百年，送上三颗旗舰卫星，耗资上百亿美元，并一路牵出来化学元素周期表上的一般物质、暗物质和暗能量在宇宙中精确的百分比。这真是太奇妙了。

宇宙的慈悲

我在《宇宙起源》书中，有两章内容谈"超均匀"（第四章）和"不均匀"（第七章）。大家看了以后可能会觉得有些奇怪，这不是相悖的吗？从常理来说，这两者不可能同时存在，但宇宙以另外一种形式，把均匀和不均匀同时展现给了我们。

这些，我们可以从宇宙暴胀说起。

◎ 超越光速的"暴胀"

宇宙暴胀理论于 1980 年提出，指的是宇宙在 10^{-35} ~ 10^{-32} 秒，宇宙空间以光速的指数倍的速度膨胀，之后又慢下来继续膨胀。

宇宙暴胀，就好比宇宙自己"按下快进键"，让整个空间快速形成一般。我们知道，空间是万物存在的基础，我们可以理解为，暴胀的过程是宇宙想要快点儿见到我们所做出的动作。

不过，从目前来看，宇宙暴胀理论也只是一种大家相对比较认可的理论，还有一些别的理论也可以解释我们目前能观测到的宇宙现象。

也有科学家提出"薄膜理论"，即宇宙中有两个甚至多个薄膜，它们相互碰撞即产生了宇宙大爆炸。就这个理论而言，宇宙所有情况的解释，就是另外一套理论系统的东西了。

在宇宙暴胀理论下，暴胀前与暴胀后的宇宙，可以说是完全不同的光景。

◎ 宇宙是超均匀的？

宇宙是均匀的吗？从特定时间上来讲，它是超均匀的！

宇宙大爆炸释放出宇宙微波背景辐射，在暴胀前，光／电磁微波的传播范围远大于当时宇宙的大小，所以电磁微波可以在宇宙空间内传播往返混合多次，在这种情况下，宇宙的状态就是经过混合后形成的"超均匀"的。

那么暴胀之后呢？我们刚说到，暴胀的速度超过了光速，也就是说，宇宙突然增大，电磁微波的速度已经不能充斥在宇宙之间了，于是电磁微波就再也无法散播到了宇宙的各个角落了。

这时候，我们在表面上看起来，宇宙还是超均匀的。不过其实，它从宇宙零时起就已被注入不均匀的基因了。

◎ 宇宙为什么会不均匀？

宇宙在超均匀的情况下，电磁微波均匀分布在宇宙中，没有任何一个角落可以吸引周围的物质和能量，大家都一样。如此，就不会有物质凝聚。没有物质凝聚，又怎么会出现今天的太阳、月亮，还有我们呢？

所以，宇宙的不均匀可以说是宇宙的"慈悲"，它想要看到各种各样的现象、物质，甚至是芸芸众生，出现了不均匀，发生凝聚，出现了后来的我们（图5-1）。

图5-1　宇宙物质凝聚后形成的星系（资料来源：NASA/HST）

其实我们还可以反过来说，由于我们的出现，所以宇宙一定要有过凝聚。有了凝聚，就表示宇宙深埋着不均匀的种子，所以宇宙从开始就一定是不均匀的。

不过，超均匀和不均匀并不冲突。其实到现在，我们的宇宙在表面看起来它还是超均匀的，我们只有放大"一万倍"才能看得到宇宙电磁微波分布不均匀的状态。

说起来很有趣，宇宙想用超均匀的假象，掩盖它的"大发慈悲"，不过这已经被我们发现了——超均匀是宇宙最初的样貌，不均匀是我们万物出现的基础，也是本质。

物质存在的形式不仅是固态、气态和液态

固体、气体、液体、等离子体，这是非量子物质存在的四种状态。前三种状态大家可能很好举例，但说到等离子体，大家可能就不明所以了。量子物质还有很多状态，如超导、超流和玻色–爱因斯坦凝聚态等，因它们的发现，诺贝尔奖也颁出去好多个，本篇先略去不谈。

其实，我们几乎每天都会见到的太阳就是一个等离子体；宇宙大爆炸之初，宇宙也是一个等离子体。那么，它具体有什么特点呢？

◎ 什么是等离子体

等离子体，虽然是一种特殊的物质状态，但却是宇宙中一种常见的状态。它的内部存在高速移动的质子、电子和光子，还有一些其他"背景物质"。

质子和电子，一个带正电，一个带负电，但它们在等离子体内并不会结合在一起，这就是等离子体特殊的地方。它们不会结合，而是在等离子体内高速移动。

太阳是一个大的等离子体，它能维持这样的状态就是因为有持续不断的能量。如果一旦没有能量供给，质子和电子结合在一起，等离子体态也就消失了。

而太阳内部，我们可以看作它在不断发生"核变"，释放出巨大的能量，所以太阳维持着一个"等离子体态"。

◎ 等离子体有什么用?

等离子体在 1879 年被发现,直到 1950 年前后,我们对它的研究才比较透彻。之后,它被应用于很多方面。

在生活上,我们有人造的等离子体,应用于一些生产项目中。比如,等离子体电视、婴儿尿布表面防水涂层、增加啤酒瓶阻隔性、研究计算机芯片等。

当然,这些跟宇宙科学没太大关系,只是让大家更好地理解等离子体。它在宇宙科学中的应用,就在于研究宇宙起源,以及发现一般物质、暗物质和暗能量在宇宙中各自拥有的百分比例等复杂的科研项目。

比如,大爆炸之初,宇宙是一个大的等离子体。直到后来,物质冷却后运动速度变慢,带正、负电的粒子合并,出现了不带电的物质,奠定了以后宇宙"凝聚"的基础,才可能出现世间万物。不过,目前的宇宙中,仍然有 99% 的物质是等离子体。

非常重要的宇宙起源,其实就是依靠等离子体和黑体辐射来进行研究的。

◎ 黑体辐射又是什么?

黑体辐射其实是一种相对理想的概念。正常的物体具有不断辐射、吸收、反射和让电磁波穿透的性质。但等离子体只有完全吸收和向空间 360° 均匀辐射电磁波出去的性质,物体表面不反射电磁波。等离子体不反射电磁波,远远看过去就是一片黝黑,所以等离子体就是黑体。而黑体辐射出去的电磁波在各个波段的不同强度,只与物体表面的温度有关,这是黑体辐射的神奇之处。

我们都知道,黑色可以吸收所有可见光,这就是为什么夏天比较晒,穿黑色比白色的衣服更热。由于黑色吸收的光为 100%，不会发生反射，我们才将这种理想的概念定义为"黑体"。

这么一说又深奥了，来举个简单的例子：天黑的时候，皮肤黝黑的人就更容易隐藏起来，别人看不到他。但是通过黑体辐射，我们可以使用对红外线敏感的"夜光镜"发现他散发的电磁波"热量"，这种实例在军事中应用极大。

目前，黑体辐射已经被应用于制造"隐形轰炸机"。这类飞机的机体，只以 360° 的黑体辐射能量，来响应向它扫描的雷达电磁波，没有直接反射回雷达方向的强势信号，如此一来，就实现了隐形效果。

而在宇宙科学的研究中，黑体辐射则被应用于理解宇宙背景微波，这对于宇宙起源、暗物质与暗能量的研究，做出了极大的贡献。

无论是宇宙的暴胀理论，还是等离子体与黑体辐射，都是人类对宇宙微波背景的理论解读。后续，我们就要讲到以这些理论为基础，得出的宇宙一大观测结论：我们的宇宙，拥有平直几何的特性。

7 宇宙电磁微波是什么？

◎ 电磁微波究竟是什么？又如何"听"到呢？

古语有言："余音绕梁，三日不绝。"说的是一个人歌唱得好听，唱歌的声音持续三天，这只是一种夸张的说法。而宇宙大爆炸的声音却是到今天还能"听"到！

宇宙大爆炸的声音，是由宇宙背景微波传播出来的。我们今天"听"

到的宇宙大爆炸的"声音",就是把电磁波想象为罗曼蒂克美妙"声音"的结果(图 7-1)。

图 7-1　第三代普朗克卫星采集的宇宙电磁微波(资料来源:NASA/ESA/Planck)

1929 年,天文学家哈勃发现,宇宙是不断膨胀的,由此倒推,宇宙有一个趋于无穷小的时刻,即是宇宙大爆炸的瞬间。后来,经历了 35 年科技的发展,我们真真切切"听"到了宇宙大爆炸的"声音"。

宇宙大爆炸的声音,就像"弹钢琴",电磁波的波长有长有短,有低频有高频。电磁微波的波长低于 0.3 厘米,就很难穿透大气。所以,最初我们在地球上获取的电磁微波并不完整。

剩下的电磁微波怎么测量?当然要"上天"了!1989 年,我们将第一代卫星送到太空,测量所有的微波频率;2001 年,送上第二代卫星;2009 年,又送上第三代卫星。经过数据的采集、"超级计算机"的数据分析、几千位科学家夜以继日地工作,我们才终于"听"到了宇宙大爆炸的全部"声音"!

◎ 电磁微波让我们重新认识宇宙

发射这三代卫星,花费了大概 50 亿美元,我们不仅"听"到了宇宙大爆炸的全部"声音"，还有一个大的发现——宇宙其实是一个大的等离子体。

我们根据人类已经研究出来的、有关等离子体的物理理论，与天上观测的资料对照，发现这两者完全吻合！

于是，宇宙的年龄是多大、宇宙中有多少常规物质、有多少我们不知道的暗物质和暗能量，这些信息我们就都了解了！

20世纪60年代我们发现，一般物质，即穿的衣服、吃的东西等，所有在化学元素周期表上出现的物质，只占宇宙物质的5%（图7-2）。

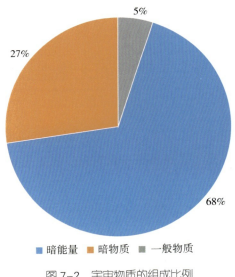

图 7-2 宇宙物质的组成比例

当时我们仅知道一个大概的比例，但随着第二代卫星、第三代卫星被送到太空，暗物质、暗能量、一般物质的比例也愈来愈精准。

未来，我们可能会花费更多的人力、物力去研究暗物质、暗能量。但现在，它们仍然躲在"幕后"，我们无法获取它们的信息。如果我们揭开了暗物质、暗能量的面纱，宇宙对于我们来说，可能又是一片新的天地。

其实，发现暗物质、暗能量这件事情本身就足够让人类兴奋一阵子了。

在这之前，"我们不知道"我们不知道暗物质与暗能量的存在。现在，"我们知道了"我们不知道暗物质与暗能量的本质，这本身就已经是科学上的突破了。

在"我们知道我们不知道"以后，就会更努力地去探索、发现未知。暗物质、暗能量也可能是未来几代、甚至几十代科学工作者需要去攻克的难题，也是让他们产生激情的原动力。

8 因博士生导师而无缘诺贝尔奖的科学家

在大众心里，诺贝尔奖的分量是很重的。大家往往知道那些诺贝尔奖的得主，而不会记住那些为科学奉献，却没有获得诺贝尔奖荣誉的人，下面我要说的，就是"宇宙大爆炸之父"阿尔弗（Ralph Asher Alpher）的事。

阿尔弗的人生起点非常高，他在博士生期间做出的论文，就已经为宇宙大爆炸的研究做出了巨大的贡献。

然而，却因为他的博士生导师的一个"小幽默"，让他带着没有诺贝尔奖的缺憾，离开了这个世界。

◎ 宇宙大爆炸的基础

1929 年，哈勃发现了宇宙是膨胀的，于是宇宙在人类文明中一声霹雳，有了生日。1944 年，阿尔弗开始研究宇宙的起源。当时的阿尔弗是从化学元素周期表入手的，因为在当时最合理的认知，宇宙的起源和化学元素的起源是一回事。

他就想：从爱因斯坦的 $E=mc^2$ 质能公式开始，很多中子很快就由能量转变过来。像中子这样的基本粒子形成后，可以衰变成质子，质子再和中子在高速下相撞形成氘，氘再加上一个中子合成氚，或者抓一个质子合成氦 –3 核子，然后氦再抓一个质子、一个中子，合成锂，然后是铍……

具体的核子合成步骤我们就不多说了。20 世纪 40 年代，人类从对星尘的光谱分析，发现了宇宙中的氢氦比是 3∶1，但是这和阿尔弗最开始的判断相悖。主要原因是，氘形成后，会迫不及待马上与另一个氘结合，瞬间变成氦，以后的宇宙根本不可能有氢的存在。他顺藤摸瓜，觉得一定是在宇宙生日的当天，"有人出来干涉"氘和氚的自然合成！

从这个思路出发，他写出了 1948 年的博士论文。

他认为，宇宙中每一个核子的形成，需要有 10 亿个光子来"搅局"。光子是氢弹爆炸最好用的开关。今天我们看到的宇宙全部家当，其中的 10^{80} 个核子和 10^{89} 个光子，是从宇宙霹雳之初就确定下来的。（注：我们现在宇宙中 10^{89} 个光子的存在，和物质反物质理论有关，请参阅李杰信的《宇宙起源》）

由于宇宙在大爆炸后很快就形成了氢氦的比例为 3∶1，也确定了质子和中子的比例为 7∶1（图 8–1）。

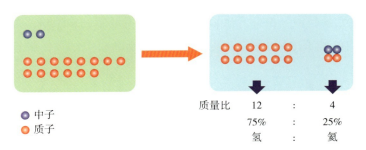

图 8–1 宇宙大爆炸 3 分 46 秒后，质子和中子的比例为 7∶1

不过，后来的我们了解到，阿尔弗的论文是有瑕疵的，因为宇宙最初的核合成仅是由于超快速的碰撞，与中子衰变成质子没有关系。因为中子到质子的衰变半衰期需要约 10 分钟，整个创造宇宙所有家当的时间也就只有 17 分钟，所以这个时间太长了。

但是，在当时来讲，阿尔弗的论文为宇宙光子，即宇宙电磁微波背景的发现打下了基础，尤其是他估计宇宙电磁微波背景强度，和以后在 1965 年大型射电望远镜"大耳朵"测量到的在同一级数，令人震撼！

◎ 一生与诺贝尔奖无缘

大家可能会奇怪，做出如此贡献的科学家，为什么没有获诺贝尔奖呢？这还要说到阿尔弗的博士导师——加莫夫。

一般博士生在发表论文的时候，导师都会署名，当时的加莫夫也已经赫赫有名了。

加莫夫想：阿尔弗的首字母是 A，也就是 α，他的首字母是 G，即 γ，干脆就把当时的物理大师贝特（Bethe，即 β）也加了进来，刚好凑成希腊文的前三个字母 $\alpha\beta\gamma$，很好玩。于是这篇论文就叫作 $\alpha\beta\gamma$ 论文，后续大家叫作 $\alpha\beta\gamma$ 理论！

当时阿尔弗还是一个博士生，导师说的话他也没什么理由拒绝。然而，他万万想不到，加莫夫这个草率的决定，影响了他的一生。

"化学元素起源"论文刊出以后，就连贝特都感到很惊讶，怎么就有自己的名字了？然而他也没有抗议。阿尔弗辛勤的研究结果，就这么变成了三位联名的论文。

对于大众来说，β 和 γ 两位，已经是名震天下的人物，而阿尔弗（α）只是个博士生，外界理所当然地认为这篇论文和他没什么关系，是两位"大佬"的原始想法。

这篇论文，让贝特受到启发，继续研究比铍更重的元素，让他在 1967

年获得了诺贝尔奖。而阿尔弗，1953 年发表了修正版论文，即宇宙最先出现的质子，和中子一样，是由能量直接转变而来，并非是中子的衰变。他到处演讲，宣扬他的宇宙电磁微波强度的预测。可是，因 $\alpha\beta\gamma$ 论文让人先入为主，他就成了人微言轻，根本没有人听他的……

◎ 传奇谢幕

失意的阿尔弗离开了物理界，转职通用电器公司，而物理界的研究还在继续。

詹姆士·皮布尔斯（James Peebles）在研究生博士后时期，在不知道阿尔弗的研究结果前提下，又独立计算了 15 年前阿尔弗提出的电磁微波强度内容。

后来，彭齐亚斯和威尔逊用贝尔实验室的大号角无线电天线听到了"宇宙大爆炸的声音"，由于这个发现十分伟大，他们两人在 1978 年获得了诺贝尔奖。

每年的诺贝尔物理学奖一般有三个名额，当时的学界建议把第三个名额给阿尔弗，毕竟在 20 多年前，他就已经预言宇宙电磁波了。但当时的诺贝尔奖评审委员会不这么认为，将第三个奖项颁给了一位伟大的俄国科学家彼得·卡皮查（Pyotr Kapitsa）。

彭齐亚斯在颁奖后找阿尔弗彻夜长谈，努力给他正名，美誉他为"宇宙大爆炸之父"。但这一切似乎都太迟了。

直至 1999 年，阿尔弗仍然对他博士生导师加莫夫草率处理他论文的事情耿耿于怀。

2006 年，诺贝尔物理学奖再次颁给了宇宙微波项目，阿尔弗仍没有获奖。但这时候的他历经过宇宙银河沧桑，早已悟浮生、淡浮名、心太平，达到了为而不争的修养。来年，他就过世了。

皮布尔斯因对宇宙学的贡献，获颁 2019 年诺贝尔物理学奖。

9　地球上的三类生命

地球上的生命分为三类：第一类是古菌，它们生活在极端环境下，如深海或火山口，嗜甲烷和高温；第二类是一般的细菌，即原核生命，我们身体内就有很多细菌；第三类是如人类这种具有细胞核的"真核生命"，是经过几十亿年演化出来的，它的双股 DNA 被严密封锁在细胞核内，只有在需要时，才以复制出的单股 RNA 进入细胞质，生产生命所需的蛋白质（图 9-1）。

它们之间最大的区别在于，古菌、细菌没有细胞核，但真核生命是有的。

了解完这些信息，下面，我们就从古菌说起。

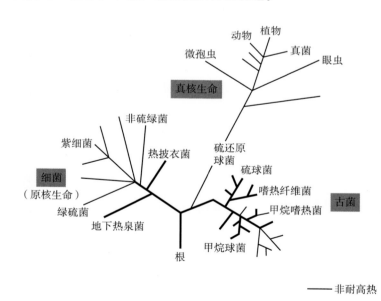

图 9-1　地球上的三类生命

◎ 古菌

古菌是地球上较为特殊的生物，因为它虽然同细菌一样属于原核生物，有许多相似之处，但它的生存环境却与细菌大不相同。

地球形成之初曾是一个大火球，几乎都是滚烫的"浓汤"，在这种恶劣的环境下，正常生命无法生存。这一阶段，能在此恶劣环境下存活的生命，就是古菌了。古菌就是地球上最古老的生命，可以在无氧、地表炽热、火山活动频发、甲烷广布、硫黄浓汤漫流的情况下钻入地下，顽强生存。

古菌与地球最初的样貌十分匹配，所谓"适者生存"。古菌的种类有很多，包含极端厌氧的古菌、极度嗜热的古菌、极度嗜酸的古菌，要是把它们放到日常生活中来，它们反倒不适应了。因此，直至今天，大多数被发现的古菌，依旧存活在或是盐度极高的湖泊中，或是高温的火山口，或是数千米深高温高压的地底。

◎ 细菌

细菌有细胞质和细胞壁，内部有染色体，后面有一个尾巴，是让细菌"游泳"用的。细菌与古菌的细胞结构略有不同，比如细胞外膜，古菌的细胞外膜可以抗酸、抗热，但多数细菌不同。

常见的细菌，都是依靠营养存活的，所以很多细菌就认准人体，到人体内开始繁殖，部分细菌还会破坏人体环境。当然，在生物课上，老师会让大家在培养皿中培养细菌，就是利用细菌"仅需营养即可存活"的特点。

此外，并非所有细菌都对人体有害，众所周知，细菌中有部分属于益生菌，它们不仅对人体无害，还能帮助人体调节菌群，使人更加健康。

在这里，我要强调一下细菌与病毒的区别。很多人认为，它们是相似的微生物，但这是错误的。

新冠肺炎病毒即为此例，WHO（世界卫生组织）的国际命名为COVID-19（新型冠状病毒肺炎）。病毒不是生命，它仅是个"东西"。

我们要注意：病毒不属于前面提到的三类生命，它不是"活"的生命，只是个东西，不能全自动的随意复制。如果将病毒放置在空气中，没有多久它就会消失，但如果它进入人体，就比较麻烦了。病毒有可能会进入细胞质内，使用细胞质内的资源，开始复制它的单股 RNA 有毒的基因，继而使人体原有"工序"被破坏，产生恶劣影响。

不过，同样，病毒也不完全是有害的。无论是古菌还是细菌，控制它们最重要的东西叫作噬菌体，噬菌体也是一种病毒，专门杀死细菌和古菌。噬菌体大概是地球上数量最多的一种东西了，1 立方厘米的海水中大概就有 1000 万个噬菌体，整个地球上有 10^{31} 个噬菌体。当然，这是对人类有好处的。

◎ 真核生命

真核生命的典型代表就是人类了，真核生命的遗传信息都存于细胞核内，是以碳为基础、DNA 为蓝图、左旋氨基酸为结构的蛋白质生命。当我们需要制造身体需要的特定蛋白质时，人体就会产生特定的酶，将 DNA 双螺旋某特定的一段打开，复制一段量身定做的单股的 RNA，经过裁剪校定，再送到细胞核外的细胞质内，制造身体所需的特定蛋白质。

此外要强调一点，真菌也属于真核生命，它虽然与细菌叫法类似，但却有细胞核，区别于动物、植物，自成一派。

总结起来，古菌与细菌类似，属于原核生命，真菌、动物、植物及人类都属于真核生命。病毒不属于生命，需要寻找宿主寄生，自己才能"存活"。这也是许多病毒很"危险"的原因。

热点下的
"趣科学"

谈及宇宙相关的新闻热点，无论是月球、火星，还是生命起源、黑洞，很多人都会觉得它们离自己很远，但实际上很多科学理论很易听懂、了解，也同样很有趣。比如，黑洞不仅会吞噬万物，还会"吐"东西；流星雨的命名方式有统一的规律；量子力学被许多骗子作为骗术，但实际上是可堪大用的科学技术突破点；航天员在太空"方便"起来并不容易；NASA 已经有了可以送普通人上太空的商业模式！

　　这些热点下的趣科学，不仅是科学领域人士期待看到的，也是我们期待更多人能够关注的，有更多人关注宇宙科学、了解宇宙科学，人类就会有更多进一步突破宇宙科学研究的可能性。

10 黑洞 M87

2019年4月10日,全球多地天文学家同步公布了黑洞M87的照片。有关黑洞,有人说它是洞,有人说它是恒星,有人说它"不是东西",那它究竟是什么?

◎ 黑洞是个非常"重"的天体

大家都知道,黑洞会把所有物质都吸引到它里面去,可为什么会有这种情况呢?

其实很简单,所谓"万有引力",即所有物质相互之间都存在吸引力,而引力的大小是由质量决定的,质量愈大,对其他物质的引力就愈强。

就好像地球把人类吸在地面上一样,黑洞的质量可比地球大得多,它能吸引的物质也就更多,它甚至可以把附近的"光"都吸进去!

那么,被吸进黑洞之后,还能不能出来呢?这就要致敬霍金先生的理论了。他认为,黑洞是会"蒸发"的,并且,质量越小的黑洞,蒸发的速度就越快。等到黑洞完全"蒸发"的那一天,被吸进去的物质或许会被放出来!

不过,这个时间有多长呢?对于巨型黑洞来说,它蒸发的年龄甚至远远超过宇宙的年龄!

◎ 黑洞照片是怎么拍出来的?

我们再说说人类是如何拍摄黑洞的。

首先,这次探测到的黑洞,是用分布在全球 8 个地点的射电望远镜拍摄的。我们先来说说射电望远镜是什么东西。

简单来说，射电望远镜可以接收来自宇宙天体的信号。以 M87 黑洞为例，射电望远镜搜集它向地球发射的"信号"，然后把信号进行加工，显示出来（图 10-1）。

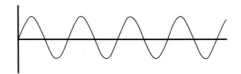

图 10-1　黑洞"信号"传播示意图

那为什么要用这 8 个被称为"事件视界望远镜"的射电望远镜（Event Horizon Telescope, EHT）来拍摄呢？

咱们可以想象一下，射电望远镜的半径越大，就能收集越多的"光"，也就能看得更清楚。所以，射电望远镜半径最好能和地球半径一样大才好！不过，显然这很难实现，所以人类在地球的 8 个点都布置射电望远镜，去合成黑洞的照片。

具体怎么做呢？M87 距离我们 5500 万光年，但是它传过来的信号，在同一时刻达到 8 个不同地点的强度、相位都不一样。并且，由于地球一直在转动，这 8 个射电望远镜相对于 M87 来说也是不断转动的，射电望远镜每一秒相对 M87 的位置都不同，这就相当于在地球上放置了好多好多的射电望远镜！

人类需要在 8 个射电望远镜的地点都安排一个"原子钟"，就是那种过了 1 亿年都不会有 1 秒误差的时钟。通过它来确定来自 M87 黑洞信号的相位，然后合成黑洞的照片。

其实这项工作已经开始做了，人类用 5 天时间，搜集了 3500TB 大小的黑洞资料。然后用飞机运送硬盘数据到一个地点（因为数据量太大，没法用网络传输）再处理数据，直到 2019 年 4 月 10 日，才发布结果出来（图 10-2，图 10-3）。

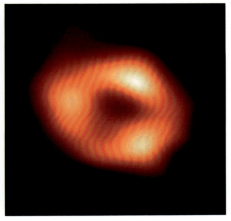

图 10-2　2019 年 4 月 10 日"事件视界望远镜"第一次为人类直接拍摄到在室女座内的超巨大椭圆星系 M87 核心的黑洞，质量为太阳的 65 亿倍（资料来源：EHT）

图 10-3　2022 年 5 月 12 日"事件视界望远镜"首次为人类直接拍摄到在人马座内的银河系核心的巨大黑洞，质量为太阳的 415 万倍（资料来源：EHT）

◎ 黑洞有什么特别的？

你可能想问："黑洞有什么特别的，为什么我们非要了解它呢？"

黑洞的特别之处，就在于科学不能完全掌握它。科学可以解释地球、太阳、土星、木星，但是科学不能完全解释黑洞。

举个例子：一般情况下，我们知道一个人可能有各种信息，比如长相、身高、体重、年龄等。但是一旦进入黑洞，就只存在"质量""转速""电量"这三个参数。

如果人在地球，即便被挫骨扬灰，他的 DNA 或更多信息也可以附着在骨灰上。但进入黑洞以后，除了"质量""转速""电量"，其他信息都不存在了。

那么这些信息到哪儿去了？这个问题我们没有办法用现在已经有的物理知识解释，正因如此，我们才要研究它，努力理解它！

◎ 黑洞只"吃"不"吐"吗？

黑洞不停"吃"东西是肯定的，它就像一个饥饿的怪兽。但是吃也有快慢，如果它吃得太快了，就有可能"吐"东西出来！

黑洞本身有很强的磁场，周围的气体都绕着黑洞做高速旋转。由于气体本身带电，在旋转的过程中，它们和磁场作用，彼此间会发生摩擦，产生很大的热量，这种热量就会让气体发光，将光子喷射出来（图 10-4）。我们的射电望远镜同样可以捕捉到喷射出的光子所传达的信息。

图 10-4　黑洞喷射光子示意图（资料来源：NASA）

不过有些遗憾的是，这一次拍摄的黑洞照片里，并没有喷射的照片，希望未来我们可以看到这一幕吧！

◎ **猜猜看，进入黑洞会怎样？**

如果有个人渐渐抵达黑洞的边缘，会怎么样呢？由于光在黑洞的边缘（事件视界）已经不能逃逸了，时间也会在那里冻结。所以，我们作为位于远距离的观测者，会看到这个人的身影冻结在黑洞边缘，永远也看不到这个人进入黑洞。但实际上，他已经进入了黑洞。

不过，就算进去，信息也没办法传出来。所以，进入黑洞会怎样，我们可以大肆想象——

·瞬间消失，不存在了。

·被拉成"面条"（进入黑洞，头和脚的引力差很多，人就会被"拉面条"）。

·进入另外一个未知世界？进入黑洞，就切断了和外界的联系，在外界观测者的眼中，这个人冻结在黑洞边缘，但是对于这个人自己来说，或许进入了一个全新的、可以操控时间的世界！

·被"打散"，变成一个个在黑洞半径内旋转的粒子。

你更倾向于哪种结果呢？

11 跳舞的黑洞

两个黑洞靠近是什么样子？黑洞的质量巨大，会吸引周围的物质，并且会让它们的形象冻结在事件视界（黑洞的边缘）。而两个大质量的黑洞在一起，就会相互吸引、靠近。它们的靠近，甚或相撞，势必会释放出很大的能量。然

而，人类从预言到发现，再到初步了解这股能量，却花了 100 多年的时间。

◎ 跳"华尔兹"的黑洞

两个黑洞在不断靠近的过程中，是要旋转靠近的，就好像跳华尔兹。当然，由于宇宙中的黑洞太多了，我们不排除两个黑洞以接近直线靠近，并最终碰撞的可能性。

旋转是宇宙中所有物质的常态，在旋转接近的过程中，两个黑洞也会不断吸收周边的物质。至于这个过程要经历多长时间，我们就不得而知了。可能是几亿年，十几亿年都说不准！

我们观测到的，旋转靠近的黑洞周边，会泛起"阵阵涟漪"，那就是引力波（图 11-1）。黑洞相互靠近，它们的"势能"降低，释放出的能量，就包括电磁波和引力波。引力波和电磁波一样，以光速传播，目前我们在地球上，应该可以检测到某些黑洞因互相靠近合并后释放出来的引力波。

电磁波我们比较熟悉，这里咱们就先说说由爱因斯坦预言的另外一种能量传播的形式——引力波。

图 11-1　两个黑洞旋转靠近时，周边会泛起引力波的"阵阵涟漪"（资料来源：NASA）

◎ 从电磁波到引力波

1865 年，詹姆斯·克拉克·麦克斯韦（James Clerk Maxwell）创造了电磁波理论，并发现光也是电磁波的一部分。光在全宇宙中存在，也就等于电磁波在宇宙中无处不在。当时这一发现震惊世界，我们的世界，就是电磁波的世界。过了 50 年，1915 年，是电磁波最辉煌的时代，电报已发明了一阵子了，人类在距离很远的地方都可以进行瞬间的通信。这时候人类的文明，就是电磁波的文明。

到今天，人类其实还是生活在电磁波的世界。但在 1915 年，爱因斯坦就预言了另外一种可与电磁波分庭抗礼的波的存在。那就是引力波。

人类经过 100 年的科技发展，做出激光干涉仪，才侦测出引力波。第一个被发现的引力波是 GW150914，它是两个黑洞撞碰合并衰荡后释放出来的引力波。这两个黑洞的质量分别是 29 个太阳质量和 36 个太阳质量。

从理论上讲，这两个黑洞相撞后，应该变为 65 个太阳质量。但他们相撞后，仅剩下了 62 个太阳质量，那么问题来了，3 个太阳的质量到哪里去了呢？

根据爱因斯坦质能方程 $E=mc^2$，质量可以转化为能量。而这两个黑洞相撞时，居然没有一丝火花释放出来。其实，能量完全是以另外一种形式释放了出来，那就是引力波。

两个黑洞或黑洞和中子星碰撞时，也可能产生电磁波。这类电磁波一般会在碰撞前后 500 秒内产生。因为无论是黑洞还是中子星碰撞，被"吸入"的物质会以极高速坠入并旋转，然后会形成带电的气体。带电物质在黑洞或中子星巨大的磁场中运行，就会发光，沿某固定方向从黑洞或中子星暴射离去。但 GW150914 两个黑洞相撞时，非常干净清爽，碰撞合并前后 500 秒内并无任何电磁波介入。引力波与电磁波了无瓜葛，这也是引力波能量深不见底的神秘之处。

◎ 黑洞碰撞可以探测引力波背景?

我们知道宇宙电磁微波背景,那是宇宙大爆炸后产生的电磁微波,它让我们知道了宇宙的年龄,并且一直在宇宙中存在。

引力波背景,与电磁微波背景有类似的地方,它也如同在大小有限的池塘中的水波一样,来回震荡,一直存在。

宇宙大爆炸的瞬间产出的原初引力波背景,与宇宙成形后再产生的引力波,不同的地方在于:宇宙成形后激发出的引力波,路经地球位置,就只有那么短暂的几秒,稍纵即逝,一旦消失了就再也侦测不到了。但是,原初引力波背景,很可能产生于宇宙暴胀前瞬间,会一直在宇宙中荡漾存在,人类只要发展出相对应的科技,就有机会发现它。

不过,原初引力波背景,随宇宙已膨胀了至少亿亿亿倍了,现在的波长甚至可能长到了十几亿光年。我们的地球小于 1 光秒,在这么小的一个平台上,又如何能侦测到波长上亿光年的引力波背景的变化呢?

12 宇宙膨胀的加快速度真的是 9%?

我曾经在《宇宙起源》(科学普及出版社)书中一再和大家提到,我们的宇宙是"平直的宇宙",即宇宙是平直向外扩张的。这是在许多科研成果基础上得出的结论。

现代较精确的宇宙膨胀速度,其实也是在我们知道"平直的宇宙"之后,计算出来的。下面,我们就先来聊聊所谓"宇宙膨胀速度变快"这个消息是怎么一回事。

◎ 数据侦查——普朗克卫星

自宇宙大爆炸起，宇宙中就存在电磁微波背景，宇宙不断膨胀，它也充斥在宇宙中。宇宙中的许多资料，都是通过测量电磁微波背景计算得来的。

测量宇宙数据的方法有很多，卫星就是其中重要的工具之一。2008年，第三代测量宇宙微波的普朗克卫星上天，更精确地把宇宙的声波震荡，不均匀分布等全测出来了。

根据普朗克卫星的数据，我们可以计算出宇宙膨胀的速度、暗物质和暗能量的比例，以及宇宙的年龄（138.2 亿年）等。

普朗克卫星的探测结果，给出一个结论。当然，我们还有其他的宇宙数据测量方式，就是造父变星。

◎ 造父变星

宇宙中有很多度量指标，标准烛光便是其中之一，作为亮度指标，用它测量距离非常好用。标准烛光有很多，超新星爆炸是宇宙中最亮的标准烛光。

造父变星是变星的一种，它也是一种标准烛光，会忽亮忽暗，亮度变化的周期有规律，可以用来测量星系之间的距离（图 12-1）。

离我们越近，造父变星的亮度就越大，有了标准烛光，如果它的亮度是原来的四分之一，也就代表着它离我们的距离增加了一倍。

大家可能都知道，"宇宙在膨胀"这一结论和哈勃有关，但大家可能不知道，哈勃当初可能甚至没有想过这个问题！

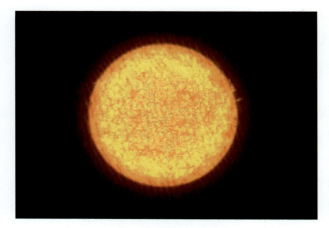

图 12-1　造父变星（资料来源：NASA）

当时我们已知的是，银河系大小大概有 10 万光年、20 万光年这样，但哈勃发现了造父变星，距离我们有 1000 万光年，远超出了银河系的大小。这也就是说，天上的星星，不都是在银河系里的，这被看作当初哈勃最大的贡献。

而后，哈勃发现造父变星的光谱发生了红移，才发现了宇宙的膨胀（当光源远离观测者运动时，观测者观察到的电磁波谱会发生红移，证明造父变星在离我们而去）！

◎ 两种测量资料为何不同？

两种测量方法我们已经说明白了，那为什么结果会有所不同呢？

宇宙膨胀系数，可以用普朗克卫星和造父变星等测量。它们的结果都有大大小小的差异，大概在 ±5% 之内。甚至，用距离我们 20 光年的造父变星测量，与用距离我们几百万光年的造父变星测量，资料都是有偏差的。

此外，宇宙膨胀速度如果有变化，暗物质和暗能量占宇宙的比例、宇宙的密度也都会有所改变，不过这些都在可控范围。宇宙神奇的地方就在于，它不会让你有一个完全精确的结论！

根据爱因斯坦的相对论，时空是会有曲率的。本来我们测量的圆周率是 3.14159265358……，但由于宇宙在膨胀，圆周率在宇宙中的每一个点都不一样。所以，宇宙的膨胀，不是单纯的膨胀，也是宇宙中度量的膨胀。

我想说，从这种"没有绝对精确"的角度来讲，宇宙给了我们想象的空间，世界上没有完全的黑和白，我们一直走在不断追寻的路上，却又找不到最终的答案。

13 把手伸出宇宙之外会怎么样？

目前，宇宙中还有很多我们不理解的东西，其实，把手伸到宇宙之外，也是"我们知道我们不知道的事"。

曾经，哥伦布向西航行，郑和下西洋。其实，中国郑和的大船能比哥伦布走得远多了，不过我们并没有理解向大洋航行的科学含义。

在大西洋向西航行，其实是非常恐怖的事。15 世纪末，人对于大西洋的理解是：我不知道这个海洋有没有尽头。如果有，那它可能是一个"瀑布"，或者说整个海洋都在一个大的乌龟背上！

所以，对于认知是无穷无尽的海洋来说，人类很难征服它。而当时哥伦布就对他的水手进行"精神训话"，他说：不要怕，我知道地球是圆的！实际上当时大家并没有这个概念，只是他在有限的空间创造出了一种无限的想象。

　　举个例子，在我们尚且对地球、宇宙没有概念的时候，在地球上一直向北走，会怎么样？

　　现在的我们可以毫不犹豫地说：在没有被冻死或淹死的前提下，会走到北极点，继续向前则向南极走了。

　　到现在我们发现，其实是不存在地域性的南北极点，它只是我们虚构的概念罢了。同理，爱因斯坦预言：宇宙内你能看的最远的地方，就是你的目光回到你的后脑勺！这些都是想象。

　　再举个例子，我们设计两条平行线，它们会相交吗？我们不清楚，但实际上，两条平行线在无穷远处可能是相交的，不过我们永远到不了无穷远，于是我们永远不知道，于是两条平行线在我们能看到的视界内，永远平行。

　　我们再来讲"把手伸出到宇宙之外"的事，我们想象一下宇宙大爆炸的景象：那是宇宙从一点爆发，巨大的能量四散开来的过程。

　　爱因斯坦的相对论中，其实已经提到，时间和空间是永远结合在一起出现的。所以，宇宙大爆炸创造的，不仅仅是空间，还有时间！

　　换言之，如今我们能观测到的宇宙时空是 930 亿光年大小，而 930 亿光年之外，那里是一片"虚无"，没有时间，没有空间，什么都没有。但是，那里却可能有"我们不知道我们不知道"的东西！

　　所以，如果宇宙像我们推测的一样，将会在千亿年后再收缩回宇宙大爆炸的原点，"从原点伸手"，其实和"从 930 亿光年"伸手，道理是一样的。

　　最重要的是，爱因斯坦的相对论，是宇宙时空内的理论，是在有时间、空间的宇宙下才能实践的理论。

　　把手伸到尚没有被创造出具有时空物理性质的宇宙，其实是我们在有限的时空进行无限的想象，是不可能实现，甚至无法想象结果的事情。

　　如此说来，其实有些强辩了。不过，我们知道相对论和量子力学，都不是宇宙的终极理论。或许有一天，我们知道了我们不知道的东西，就能想象这个问题了。

目前，科学家追求宇宙的终极理论，聚焦于"超弦理论"。不过，"超弦理论"需要至少 10 维空间，实在是太抽象了。

真的，知道这么一个有趣又无法解决的问题，对于我们来说，也是很有意思的事儿了。

 **14** 瞬间移动的科技有可能实现吗？

如今，无论在哪里，大家的信息都有可能被暴露，总会有人通过各种各样的方式来得到你的一些个人信息。

而有一些秘密，你不想让别人知道，应该怎么做呢？科学家通过量子力学，研究出了量子纠缠，从一定程度上解决了这个问题。

◎ 爱因斯坦"坐不住"了

宇宙中的所有物体都是旋转的，大到星系、脉冲星、恒星、行星和黑洞等巨大天体，小至中子、质子、电子、夸克和光子等，都在旋转。宇宙中物体和粒子旋转是常态。

简单粒子的旋转，一般只有两个方向，一个向上，一个向下。这就很有意思了：我们以光子为例，量子力学只给了光子两个"座位"，一个朝上旋转，一个朝下旋转。如此，我们送出的光子都可以是"成双成对"的。

这有什么用呢？成对的光子，在"量子测量"后，已知一个向上转的情况下，另外一个必然向下转，也就是说，我们知道了一个光子的旋转信息，另外一个光子必定和第一个光子的旋转方向相反。换言之，知其一则必知其二，这就是一般所说的"量子纠缠"。"知"也包括了窃听者的窃盗行为。所以，窃听者就露馅了。

你乍一听可能没什么感觉，但是咱们仔细想想：如果这两个光子间的距离是从零开始被最终分离到 1 光年这么远呢？我们仍然可以瞬间获取远处光子的信息，这也就代表着，信息的传递速度超越了光速。

说到这儿，爱因斯坦可就"坐不住"了。因为他曾经说过：任何信息的传递速度不可能大于光速。这也就是量子力学令人不懂的地方——违反了相对论。

◎ 量子纠缠，让保密更"完美"

大家应该对"墨子卫星"有些了解，墨子科学实验卫星，是中国发射到太空中，用于和地球构建通信信息的卫星。

它和传统通信有什么不同呢？

我们现代的通信方式，比如电话、微信语音这些，可能会被人监听，甚至被人监听了都不知道。对保密性要求非常高的组织，可能会用加密的方式降低被监听的可能性。但即便如此，第三方仍然有破解密钥的可能，这时候，我们就需要量子力学啦！

量子力学在通信技术中的出现，就是为了制造"一把特殊的密钥"，它的特殊并不在于别人不能窃听，而是一旦被窃听，即被"量子测量"了，我就可以马上知道，就立即停止通信，换另一个密钥继续交流。这就是量子纠缠为通信带来的改变和特别的优势。

那么，这个过程是怎么做到的呢？我们假设两个距离很远的光子在传递信号，如果有其他人要监听，就一定要"偷"听其中一个光子的旋转讯息。而量子纠缠的两个光子可以互通信息，一旦一边的光子旋转讯息被偷听，另一边的光子也就知道啦！

中国的"墨子号"，它正是一台量子通信卫星。2018年1月，中国和奥地利科学院合作，利用"墨子号"量子科学实验卫星，在中国和奥地利之间，首次实现距离达上千千米的洲际量子密钥分发，并利用共享密钥，实现加密数据传输和视频通信。这说明："墨子号"已具备实现洲际量子保密通信的能力。

◎ 量子纠缠在生活中有啥用？

量子纠缠在生活中的用处，我们可以畅想，毕竟科技还没有到那么发达的程度。最简单的，我们可以用它来说"悄悄话"！

当然，量子纠缠的根本是量子力学。而量子力学的应用就有很多了。相较于古典力学上千万亿个原子经过热力学平均后得到的热胀冷缩现象，量子力学中的原子都是单打独斗，自我表现精准。我们可以尝试用它精确可靠的行为来设计药物，用量子力学的游戏规则，把药物的分子看得一清二楚，对药效和治病肯定是有帮助的。

再有，我们甚至可以实现科幻电影里的经典情节——瞬间移动。

比如我想逃离一个在瞬间即将爆发的火山口，把自己转移到在地球另一半的一个安全地点，我能用什么方法自救呢？

前提是，我需要知道我身体中所有组织每一个原子的位置和旋转，通过量子纠缠，我就拥有所有信息，可以再复制一个我。如此，在需要逃命时，我就可以瞬间在地球另一边创造一个全新相同的我，同时把在火山口的我销毁，保证只有一个我，这样就等于把我救出去啦！

15 暗物质的信息已经得到了吗？

"旅行者 1 号"（图 15–1）、"旅行者 2 号"是美国在 1977 年发射的。其实，人类在 1957 年 10 月就已经进入了太空，直到 1972 年"阿波罗"完成六次登月任务后，迫不及待地于同年将"探险者 1 号""探险者 2 号"送入了太空。

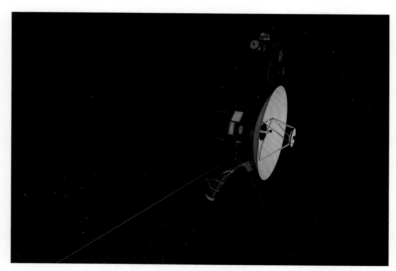

图 15–1 "旅行者 1 号"（资料来源：NASA/JPL/Voyager）

其实，探险者 1 号、2 号，旅行者 1 号、2 号的任务都差不多，即是要搜集太阳系内各种星球的照片。它们飞越每一颗星球，但是不登陆，仅是远远地观察。

毕竟，探测器所拍摄的照片，清晰度和我们在地球上观测到的，肯定有很大的差别。

那么"旅行者 1 号"都做了哪些工作呢？

◎ 时刻不忘寻找外星人

在"旅行者 1 号"上，我们放了"人类的信息"唱片在里面。这个"唱片"里面有人类的声音、海浪的声音、风吹的声音等。当然，还有一些地球上的照片。此外，我们还用 14 个脉冲星标注上了地球的位置。

这么做的原因很简单，我们要尽可能地向外层空间发送信号，寻找外星人的下落。毕竟，我们已经是宇宙中有了"文明"的星球，能够早一刻发现外星人，就比晚一刻强！

不过大家也都清楚，到目前为止，我们还没有收到任何外层空间文明的响应，总的来说，这应该算是好事！这是因为刚掌握太空科技文明的人类太兴奋了，竟然把我们居住的如天堂般的地球位置，轻易地广播出去，实在是有点危险。40 多年后较成熟的人类，现在回想起来，还为年轻时的冲动捏把冷汗呢。

说回"旅行者 1 号"，由于它是用铈 -238 作为能源的，这种核能的半衰期是 87 年，所以"旅行者 1 号"可以长时间有能源供给。

到现在，"旅行者 1 号"已经飞出去 45 年了，科学家预计到 2025 年，"旅行者 1 号"还可以持续不断地传回信息，不过之后，它可能就要变成"流浪探测器"了！

◎ 它到底能不能量出暗物质呢？

"旅行者 1 号"如果真的测量出了暗物质的讯息，那么它可能是看到了

在太阳系遥远的地段，有"电子跟正子"的存在。大家要注意，这里的正子可不是质子，而是"带正电"的电子，即反电子。

测量电子与正子其实不容易，丁肇中先生这个实验做得最好，即阿尔法磁谱仪（AMS）计划。该计划要寻找宇宙中所有的高能粒子，有些粒子无法穿透大气，所以才把实验环境搬到太空（图 15-2）。

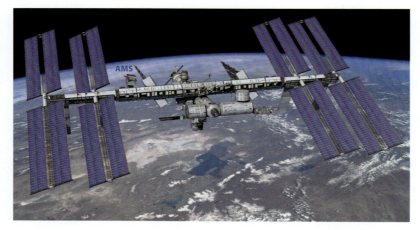

图 15-2　国际太空站上的阿尔法磁谱仪（资料来源：NASA/JSC）

我们将阿尔法磁谱仪送入太空，电子与正子经过后，会在磁场中以相反弯曲的轨迹运行，由此就能判断它的质量、电荷数和种类。

但是，"旅行者 1 号"不是磁谱仪，它的分辨率没有那么强。但它也可能测量到些所谓的正和负的电子流，不过，精确到什么程度，就是见仁见智了。

宇宙中的正子流其实很多，来源于很多能量很高的宇宙射线。或许，"旅行者 1 号"测量到了。但是媒体以此就说"探测到暗物质""太阳系中的暗物质很少"，就未免太夸大其词了。

毕竟，丁肇中先生的阿尔法磁谱仪计划实验测量出了大量的电子与正子，但要说这些电子和正子与暗物质有关，还需要强大的理论做后盾。

◎ 牵扯到霍金的理论？

报道中还称，这对霍金 "原始黑洞" 的理论有一定的验证。我只能说，这就更无厘头了！

我们目前所了解的宇宙，是宇宙大爆炸后 10^{-43} 秒以后的事情。10^{-43} ～ 10^{-32} 秒，我们虽然不清楚发生了什么事，但是量子力学已经在这个阶段 "上班" 了。

宇宙大爆炸之后，一定存在很大的能量，由于 $E=mc^2$，才出现了各类粒子。在 10^{-43} 秒以前，就会有这么一种可能——在那瞬间，出现了无数的物质、反物质，甚至黑洞、反黑洞。这些物质、反物质与黑洞、反黑洞，拥有的质量，可能永远超过人类在加速器中制造它们的科技能力。

这便是霍金的理论之一，我们其实看得很清楚，10^{-43} 秒之前的时间，由量子力学的测不准原理掌控，是我们知道我们不知道的知识领域（图 15-3）。

图 15-3　霍金俯冲体验零重力（资料来源：goZeroG/SpaceFlorida/NASA/KSC）

说到这里，我就再简单提一下霍金的另外一个"黑洞蒸发理论"。由于在黑洞的"事件视界"可能产生成对的虚拟粒子，有时候有一个虚拟粒子会从黑洞的事件视界逃逸出去。如此，黑洞的能量就会不断减少，最后慢慢蒸发。

不过，这个过程可能非常漫长。比如像太阳质量大小的黑洞，可能要经过 10^{64} 年才蒸发完，比现在宇宙 138 亿年的年龄要长太多了。

霍金的理论，想要以观测数据证实起来太难了。我们要么追到 10^{-43} 秒以前，证明在那一个瞬间，有无数的黑洞产生然后立即消失，但这需要极大的能量！要么等到 10^{64} 年之后，观测大型黑洞蒸发消失的结局。但那时候人类在哪儿，宇宙是什么样的，我们都说不好！

关于"旅行者 1 号"的数据，媒体有些"兴奋到了乱扯"的地步了。其实，这艘 1977 年送出去的宇宙飞船，能拍摄回来很多照片，探测其他星球的大气结构，就已经很了不起了。"旅行者 1 号"宇宙飞船是人类科技文明中的伟大发明。

毕竟，经过 45 年，它已经飞出去了 156 个天文单位，用光去追，还要花 22 个小时呢！（太阳到地球的距离为一个天文单位，即 1.5 亿千米，光要走 500 秒。）

16 人能带着即将毁灭的地球去流浪吗？

2019 年有一部很火爆的电影，叫作《流浪地球》，我很佩服著名科幻作家刘慈欣的"脑洞"。曾经，科学家想过用宇宙飞船载人逃离太阳系，但他想到了通过让地球流浪的方式逃离太阳系。或许这样，所有人类都可以跟着一起走，而且还能保护地球的生态环境。

不过，电影中还是出现了一些科学上的偏差。那么，科幻与科学之间的距离有多远？

◎ 氦闪、红巨星，哪个才是流浪的原因？

目前，科学已经有相当高的概率确定，像太阳这样的恒星，会有生老病死。

太阳的寿命只有 100 亿年，再过 50 亿年就一定会发生变化。而太阳老化的第一阶段，应该是"红巨星"的阶段。

"红巨星"是一个什么样的状态呢？其实，有很多和太阳类似的恒星，都可能有"红巨星"的状态。以太阳为例，目前太阳释放出的能量，只是由核心 10% 的氢转变为氦释放出来的。而在核心的氢燃烧完之后，太阳就会开始冷却、收缩。

而在收缩之后，周边 90% 的氢受到的压力变大，引起氢变氦的核变，于是太阳又开始加热，逐渐膨胀，变为"红巨星"。而这个太阳膨胀的过程，可能会吞没金星、水星、地球，甚至火星。

而《流浪地球》中提到的氦闪，实际上是"红巨星"冷却收缩之后的事情。它是由于太阳核心的氦进一步发生反应，转变为碳，再转变为氧的过程。这个过程较短又较晚，综合看来，造成我们必须带着地球去流浪的原因，一定是太阳开始变成"红巨星"！

◎ "流浪地球"计划，仍需改进

既然流浪地球可能是未来人类必须要走的一步，那么我们确实可以研究一下它的可行性了！

《流浪地球》中，在全球各地建设了核反应堆，试图用这样的力量帮助地球逃脱太阳轨道。但实际上，核反应堆的效率并不高，比如太阳的核反应堆，由氢变成氦的过程，效率只有 0.7%。

什么是更高效的"助推器"呢？这里我们要提一个概念，叫作"反物质"。在宇宙大爆炸之初，物质和反物质同时出现，比如，大家都知道电子是带负电荷的，那么带正电荷的电子就是反电子。

它们在激烈碰撞过程中，只留下了十亿分之一的物质，反物质没有留存下来，全部变成了光子。

现在，我们可以通过质子加速器，在其中制造出反物质。如果有一天，人类的科技发展到可以制造出大量的反物质，通过物质与反物质的碰撞，100% 的能量释放效率，地球是绝对有机会脱离太阳轨道的。

我们在"地球流浪"的过程中，很可能受到其他星球的引力，如木星。如果我们想要流浪到很远很远的外层空间，那么就需要像木星这样的星球提供"引力助推"！

以木星为例，它的质量是地球的 300 多倍，地球可能会受到木星的引力而向它加速前进。增加的速度，得力于木星的重力助推，可以把地球以更高的速度甩离太阳系。《流浪地球》中，这个重力助推的科学概念处理得很好。

◎ 科学与科幻的距离

现在来看，《流浪地球》这部电影很成功，因为它作为一部科幻电影，带有较强的科学真实性。我个人也会看很多科幻电影，但我觉得，科幻电影的底线应该是不逾越科学的界限。

比如在 1968 年出现的科幻电影《太空漫游 2001》，它被誉为科幻电影的里程碑，50 年以后看来，它所说的科幻与科学没有距离。

再比如《侏罗纪公园》，它里面所表述的：一只蚊子叮了恐龙，然后被松蜡包成了化石，人类今天发现它以后用恐龙的血克隆（复制）出恐龙。无论是否真实存在，但从科学理论上来说，它是可行的！

科学，就是让许多不可思议的事情变成现实。地球目前的"人类世"，可能只是浩瀚宇宙中不及沧海一粟的一小段时间。但我们期待科学的发展，如果"子子孙孙无穷尽也"，我们希望未来的科技发展，真的可以让他们带着地球去流浪！

地球深处有生命吗？

网络上经常会有文章写着："地球的深处有生命、地球深处可能是我们想象不到的场景。"有一定道理，但那里是我们几乎不可能到达的地方，所以很难验证！

我们说"上天容易入地难"，目前，人类对于外层空间的理解，可比对我们地球本身的理解要多得多。

说起地球深处的生命，我们倒是可以重提生命起源，来聊聊极端环境下生命和我们的关系。

◎ 所有生命，全都"一个样"

为什么会有人说在地球深处有生命呢？其实都是"碳原子"惹出来的。

我们知道，所有地球生命都是以碳为基础、DNA 为蓝图、左旋氨基酸为结构的蛋白质生命。既然地球深处有碳原子，还可能有水，那就很可能有生命（图 17–1）。

然而，地球深处的生命，不和我们想的一样，它们大多是能够抵抗恶劣环境的细菌。即便有生命，但它们很难演化成文明的社会，更不可能出现如同"桃花源记"一般的光景。

对于生命而言，最难的是要产生有生命活力的化学分子。而生活在地下的这些细菌，虽然可以说仍然有生命活力，但毕竟地球深处太热了，它们每分每秒都为存活使出全部力量，保持"活性"部分，只能用奄奄一息来形容了！

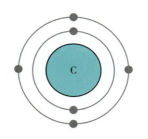

图 17–1　碳原子结构示意图

◎ 从生命起源到现在，生命一路坎坷

45.5 亿年前，太阳系和地球同时形成，形成地球的原始材料中有铁、钴、镍等重金属，使地球有个铁核。地球被各式各样的彗星和小行星带来的陨石撞击，很有可能是小行星上的结晶水，让地球有了海洋。

当地球上的海洋形成后，经过月球对海洋的潮汐作用，地球上就出现了海滩上的原始"浓汤"。可能正是在这些原始"浓汤"中，最初的生命化学分子出现了。但等待它们的，却是不断的"陨石轰击"。

我们可以想象,当时的地下就是生命的"防空洞"。为了躲避陨石风暴,很多地表的细菌生命都钻进了地下或是海中。有的中途可能出来过,有的可能就一直在地下或海底生活。

还有可能生命是从火星乘着"陨石列车"来到地球的。如若是这样,火星到地球的旅程可能长达 1500 万年,细菌在 1500 万年中,在真空环境下不吃不喝还能存活,这就很厉害啦。

所以我们说"生命是个奇迹",历经过这样的艰难险阻。现在不仅有生命,还有文明。可以说,我们很"幸运"(图 17-2)!

图 17-2　地球文明生命的奇迹(资料来源:NASA/JSC/ISS)

◎ 研究地表下生命有意义吗?

我们说回地下生命,目前,人类能够到达地下最深的地方,大概是 12 千米,那里已经有 180℃的高温,我们很难继续挖下去了。

有人说,向地表下挖掘没有意义,挖不到什么东西,就是浪费钱。但实际上,这却是我们太空科学研究的重要一环。

我们生活在地球上,殊不知,太阳系任何一个星球,生存环境都要比地球恶劣得多。极温、高压、缺氧、极酸、极碱、重金属……在这样的环境下,我们是很难进行科学实验的。

但地球深处可能有着某些细菌生命,可以在此类极端恶劣条件下生存,那就会给我们对外层空间极恶劣行星环境生命的研究,提供很大的便利。

目前,地球上最耐高温的生命,能够承受的温度大概在 160℃。我们尚且不知道,继续向地球深处挖去,会不会有其他的"惊喜"。

这就是有关地球深处生命的知识啦,如果有人说俄罗斯的工程"挖出了会飞的怪物""听到了哀嚎声",那都是没有科学依据的。

只是科技水平有限,我们下不去再深了而已(从地表往地心方向挖,每深挖 1 千米,温度会上升 25 ~ 30℃)。

18 人类在土星卫星的眼睛"卡西尼·惠更斯号"

木星、土星都是气体星球,并且他们的体积大,虽然太阳公转一周比地球慢很多,但自转速度快,即它的一天比地球的一天(24 小时)要短

（图 18-1）。土星远在天边，距地球遥远，使用探测器亲临土星辖地探测，耗资巨大、旷日费时。但目前我们已经发射的土星探测器有好几个，如"旅行者号""卡西尼·惠更斯号"等。

图 18-1　土星（资料来源：NASA/ESA/Cassini-Huygens）

为什么木星、土星、天王星和海王星会是气体星球？他们的大气组成成分都是什么？下面，咱们就来聊一聊。

◎ 土星这样的行星是怎么来的？

宇宙大爆炸之后，宇宙中的物质成分基本已经定下来了。目前，宇宙中约有 75% 的氢和 25% 的氦，这是在宇宙大爆炸后 3 分 46 秒时就已经定好了的。

宇宙大爆炸之后，出现了许多不均匀的地方，就会发生"凝聚"。一些"核"就此出现，在不断长大的过程中，它吸引了一些宇宙中其他的材料。随着凝聚的东西愈来愈多，它就会发生核变，之后"氢氦锂铍硼"等化学元素周期表上的物质都出来了。

如果这个星体变得足够大，发生核变后恒星就出来了。恒星出来后继续发生核变，且如果这个恒星比较大的话，最终就变成超新星而发生爆炸。

爆炸之后，像铁、钴、镍这些金属飞出去了，还有氢和氦也跟着一起出去了，之后这些东西就再一次混合及凝聚。

我们知道，太阳大概是 50 亿年前形成的，根据宇宙的寿命（宇宙大爆炸距今约 138 亿年），我们猜测太阳可能是第二代或者第三代超新星爆炸后的产物。

太阳周边有很多岩石和重金属物质，尤其堆积了大量的氢和氦的气体，我们以"星云"称之，它是围着太阳转的，我们就叫它"星云圆盘"。接近太阳的岩石、金属以及大量的氢和氦气体，会源源不断地往核心凝聚，这一部分就叫作增积圆盘。即外面转的部分叫星云圆盘，内部核心叫增积圆盘。

增积圆盘的范围，大概在 5 个天文单位，也就是到小行星带这么远（小行星带介于火星、木星中间，有无数的固体小行星）。一些固体在增积圆盘的范围内互相吸引碰撞，形成了现在的水星、金星、地球和火星。

那么，小行星带以外的木星、土星呢？由于它们距离太阳较远，已经超过了"结冰线"（与太阳的距离超过一定范围，水无法以液态的形式存在，该距离被称为"结冰线"），于是在木星和土星的位置，就渐渐先形成了一个"冰核"。冰核的核心也可能包含了一个小小的岩石核，但比例上比结冰线内的岩石类行星要小太多了。

冰核也有引力，会不断吸引周围的气体。而在结冰线外，当时星云圆盘上堆积了大量的氢和氦，就被冰核的引力几乎全部吞扫而光，形成了现在木星、土星这样的气体星球。木星、土星吞食了大量气体后，个头变得很大，在星体深处的氢气受到巨大的压力，进而形成了"金属氢"。

但在天王星和海王星的位置，因为没抢到足够的气体，它们虽然仍是气体行星，其内部结构就大不相同了。

◎ 土星探测得怎么样了？

从时间上，距离咱们最近的土星探测器是"卡西尼·惠更斯号"（图 18-2），它是以意大利科学家卡西尼和荷兰科学家惠更斯命名的，这是因为他们分别发现了土星的几个最重要的卫星。

图 18-2　"卡西尼·惠更斯号"示意图（资料来源：NASA/ESA/Cassini-Huygens）

这些卫星，在西方都有单独命名，传到中国，因实在是不太好记，聪明的我们就把它们一字排开，叫成土卫一、土卫二、土卫三……但土卫六的大名，大家可能都有所耳闻，它叫作泰坦星（Titans）！电影《复仇者联盟》里的灭霸，好像就是这个星球的吧？

好了，我们说回正题：卡西尼和惠更斯两位天文学家，在 17 世纪开始追踪观测土星的几个卫星，科学家接力持续到了 20 世纪中叶，竟然发现泰坦星是太阳系中唯一拥有大气的卫星。科学家一直等到 1997 年，才有能力发送了"卡西尼·惠更斯号"土星探测器，用最先进的科技，跑到土星的家门口瞧瞧，并且还要登陆泰坦星，把它看个够！

当然了，"卡西尼·惠更斯号"的任务，不仅仅是探测泰坦星这么简单。总而言之，它带着"一身的任务"出发了！

"卡西尼·惠更斯号"在2004年进入了土星轨道，在2005年1月，把惠更斯小艇放了出去，登陆泰坦星。

之后，它不断向我们传送新数据：土卫二有很多喷泉出现在南极，有大部分都是水，说明土卫二下面可能是一个海洋！人类寻找外层空间生命的核心策略是"跟着水走"，因为有水的地方，就可能有生命存在。土卫六上有很多湖泊，不过经科学家分析，土卫六上的湖泊可能是甲烷湖、"酒精湖"或者液氮湖，基本不可能是水湖。这些湖，有的比地球的里海还要大（里海长约1200千米）。经实地测量，土卫六的大气主要由氮气（97%）和少量的甲烷和氢气组成，表面大气压力约为地球的1.5倍。

"卡西尼·惠更斯号"给我们的数据，一直到2017年9月才算完结。在它的燃料即将用尽，大概剩余1%时，我们就要为它的"后事"考虑了。

"卡西尼·惠更斯号"出发前经过高温消毒，但宇宙飞船上有很多精密的仪器，我们只能给它们加热到150℃左右。我们知道，在地球上有些细菌甚至能在160℃的环境中存活，所以我们没有完全的把握，说绝对没有带上地球细菌的"偷渡客"，如让它在土星卫星上坠毁，有可能会污染这些纯净星球。

人类探测这些星球的重要目的，就是要寻找地球外的生命。因为土星的卫星，尤其是土卫二，极可能有生命的存在，所以土卫二绝对不能被地球的细菌污染。

就此，科学家想了几个办法：一是让它飞向太阳，但这个周期可能很长，中间有很多不可控的因素，不建议这么去做；二是让它"撞向土星"。

最终，"卡西尼·惠更斯号"冲向土星，在土星的大气中分解，化成土星的一部分，结束了它20年的宇宙之旅，为我们做出了巨大的贡献！

我想，"卡西尼·惠更斯号"虽然是人类创造出来的探测器，但它和人类亲密互动，好像也有生命。它用生命为我们带来了人类难以触碰到的信息，用尽了所有力气，吐完了最后一根丝，烧完了最后一滴蜡，丝尽泪干后，把收集到的所有讯息传给人类，然后坠入土星，为土星卫星依然留下一片净土……

19 量子力学被用来骗钱？

在学界，有一句调侃的话，叫作"遇事不决，量子力学"。意思就是，你遇到什么不能理解的事情，就用量子力学来解释。这个说法虽然是开玩笑，但也有一定的道理，因为量子力学，就是在我们"不太清楚的领域"才发挥作用。

比如，量子力学能处理的最短时间是 10^{-43} 秒，比这再短的时间我们就没法以量子力学来衡量了。而当时间大于 10^{-43} 秒时，量子力学就可以开始"上班"了。

量子力学和相对论，被称为现代物理学两大支柱。量子力学以"测不准原理"和"波粒二元性"为基础，相对论以"等效原理"为基本原则，深究起来，都很繁复。但总的来说，物理学界认为，它们都不是宇宙的"终极理论"，因为它们尚不能结合在一起。宇宙的终极理论，应该只有一个。

不过，量子力学让我们发现了许多东西，比如我们一直苦苦追寻却尚没有结果的暗能量。

◎ 量子力学的来源

量子力学是 20 世纪初的理论，它不是某一位科学家的理论，而是由众多科学家一起提出的。

量子力学类似广义相对论，它是一种用于解释物理现象的理论。目前，除了广义相对论里的引力部分，其他力的相互作用现象都可以用量子力学来解释。

为什么要提出量子力学理论呢？刚才我们说到，19 世纪末期，科学家发现：很多微观的粒子运动没法解释，这才"合体"研究量子力学！

到现在，量子力学有着非常广泛的应用，包括物理、化学和其他近代技术。

量子力学真是威力无穷，其中一个巨大的贡献就是：它可能帮助我们了解暗能量的源头。

◎ 量子力学怎么帮忙？

我们反复提过，量子力学中有一个理论叫作"测不准原理"，即没有绝对精确的数值。但是，在我们正常的认知中，会存在很多"绝对精确"的情况，比如"真空"。

正常认知中，真空中什么都没有，零能量、零结构。但是，测不准原理不允许这样绝对为零的状态存在，所以科学家就做了一个著名的实验。

这个实验叫作"卡西米尔实验"。在真空的情况下，放置两个不带电的金属板，将它们的距离推近到几十个纳米左右（100 个原子并排的宽度），两板之间就会产生一股向内的推力（图 19-1）。

这股力量非常神奇，每代物理学家都会用最先进的仪器来重复这个实验，两板间的作用力就被愈量愈精确，证实了卡西米尔效应的正确性。

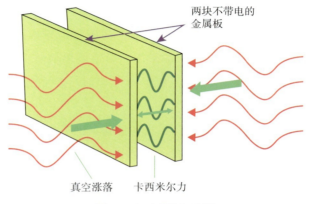

图 19-1　卡西米尔实验

　　而让两板产生向内推力的能量，就是由量子力学测不准原理产生的真空震荡（涨落）而来的能量！

◎ 真空能量是我们的"免费午餐"

　　从科学研究的结果来看，真空能量是让宇宙持续膨胀的原因之一。此外，宇宙形成之初，还出现了一股"伪真空能量"，它在宇宙大爆炸后 10^{-35} ～ 10^{-32} 秒间，以光速的 10^{24} 倍的速度，推动宇宙暴胀，形成了现在我们能观测到的宇宙空间。

　　到今天为止，真空能量还在不断增加，非常神奇！这是因为在我们的认知中，能量分为三种：第一种是电磁波能量，第二种是物质能量，第三种是真空能量。电磁波能量和物质能量，会随着空间体积的增大，而减小密度。这个很好理解，如果你在一个固定的空间里装进去了 1 升氧气，当你把空间变成原来的 2 倍，氧气的密度也就变成了原来的 1/2。同样的，空间变大，电磁波能量密度和物质能量密度一样，也同等降低。但电磁波因被更大的空间拉长了，频率变低，能量密度减低的速度比物质能量密度更快。而真空能量来自量子震荡，每单位体积不变，即恒定。

所以，真空能量的密度，与物质能量、电磁波能量的密度不同，它是恒定不变的！也就是说，随着宇宙的膨胀，真空能量随着空间体积的增加，也水涨船高，继续向高攀升不止，在约 40 亿年前，接手物质能量，已成为推动宇宙膨胀的主力。

不过目前来看，我们的宇宙是平直的宇宙，且宇宙的膨胀速度虽有加速现象，但还在平直膨胀范围之内。

宇宙膨胀到无穷大之后，很可能会有新的能量出现，抗衡真空能量，使宇宙膨胀速率降低，最终停止膨胀，甚至开始收缩，一直回归到大爆炸的起始点。宇宙也可能就是如此循环不息，但每个周期也可能是无数亿年吧。

看到这里，大家可能有一个疑问：整篇内容也没说暗能量呀？

其实，大家可以把真空能量理解成暗能量。目前为止，真空能量是最好解释暗能量的理论。

130 多亿年，对于我们人类来说是非常漫长的，而对于宇宙来说，它还是个"婴儿"，未来还可能到几亿亿亿亿亿年。太多的秘密，还等待着我们去发现……

20 人造卫星在坠落，月球在远离

火星卫星的发现，有一段曲折的历史。在伽利略发现木星的 4 颗卫星后，最开始，克卜勒推测火星有 2 颗卫星，因为地球有 1 颗，木星有 4 颗，火星在中间，他认为卫星数目应是以数列 1、2、4……增长的。

　　但这仅是猜测，在克卜勒之后的 200 年，都没有任何人能够寻觅到火星卫星的踪迹，直至 1877 年，美国天文学家霍尔才通过当时最先进的折射式望远镜发现了火星的两颗卫星（如图 20-1，图 20-2）。

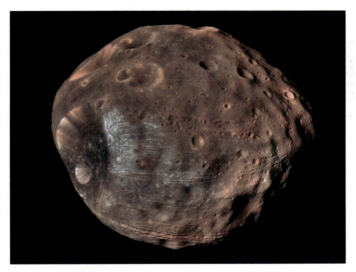

图 20-1　火卫一福布斯，形状类似一颗"畸形的马铃薯"（资料来源：NASA/JPL）

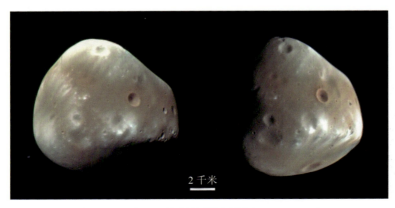

2 千米

图 20-2　火卫二戴摩斯（资料来源：NASA/JPL）

◎ "火星月亮"的命名与特点

霍尔发现火星的两颗卫星后，依照火星的神话传统，将其分别命名为战神马斯的两个仆人——福布斯（代表畏惧）和戴摩斯（代表惊慌）。

这两颗火星卫星各具特点，又有相似之处。火卫一围绕火星的转速很快，它由西向东，仅需4小时15分即可穿过火星夜空，消失在东方地平线；火卫二由东向西转动，公转期为30.35小时，从火星上看要经过65个小时，火卫二才从西方地平线落下。

同时，火星卫星的亮度都不高，体积也不大。火卫一的亮度约为月球的2/3，长宽高分别28千米、22千米和18千米；火卫二的亮度则是火卫一的1/40，长宽高分别为16千米、12千米和12千米。

这也是火星的卫星难以被发现的原因：一方面是体积小；另一方面，火星相对明亮，在明亮的物体前，暗的物体很难被发现。

此外，两颗小卫星的轨道并不相同，火卫一的轨道随着时间的推移离火星愈来愈近，而火卫二的轨道则是离火星愈来愈远，这均是由"重力潮"导致的。

◎ 火星卫星的未来将会如何？

"洛希极限"是科学家洛希提出的概念，即卫星环绕一颗行星时，如果在洛希极限之内，就会因"重力潮"绵绵不断的长久作用，逐渐向行星接近，最终会坠落至质量较大的星球上。如"重力潮"超强，质量较大的行星甚至会将质量小的卫星"碾碎"。正常来讲，卫星环绕火星可能已运行了45亿年，应处于洛希极限外的标准，否则早已撞向火星，不会等到人类看到它以后，才"表演"向火星陨落的戏码。

例如，地球送到太空上的人造卫星，都是在洛希极限之内，最终结果皆会坠落地球。而月球的环绕状况处于洛希极限之外，会一点点脱离地球，最终漫游宇宙。

回到火星的两颗卫星。火卫一在洛希极限之内，受"重力潮"影响，正在一点点向火星靠近，而火卫二在洛希极限之外，则在一点点脱离火星。

科学家计算出来，火卫一的比重可能是水的千分之一。自然界没有这么轻的比重材料，除非是中空的。而中空材料必得是科技产品。于是火卫一是火星人发射的太空站的说法，就粉墨登场了。

正是由于火星卫星的特殊性，也让科学家对火星卫星的由来引起了猜测。

前面提到的一种猜测，即火卫一是火星人向太空发射的太空站。不过，由于后来科学家已通过近距离照相，明显看到火卫一的形状类似一颗"畸形的马铃薯"，这种结论也就不攻自破了；另一种猜测，则是火卫一与火星是同一时间形成的，不过，后来科学家发现，火卫一的材质与火星并无关系，于是这种猜测也被否定了。

经过对行星材质的探索，发现火卫一的材质与小行星带的行星极为相似，它可能是小行星带中千万颗行星中的一颗，在宇宙中漫游的过程中被火星抓住的。

不过，即便如此，火卫一仍显得有点奇怪，因为如果是被火星抓住的卫星，它应来自四面八方，进入火星引力场的轨道面，应当与火星赤道面无关联，且呈大椭圆形轨道。但火卫一轨道面不但呈圆形，还在火星的赤道平面上，至今这仍是一个未解的谜团。

目前来看，小行星带的小行星多为碳质球粒陨石，很可能含有氨基酸，可作为生命起源的素材。此外，火卫一可能含水、碳、氢、氧，甚至可为航天员往返火星提供燃料。不过这些仍是未知，还在探索之中。

21 月球的伊甸园在其南极的山洞中

2019 年 2 月，中国宣布把"嫦娥四号"的探测数据向世界分享。近 20 年来，中国的太空科学研究开始崛起。中国的太空科学研究可以用两个字总结："赶"和"超"。"嫦娥四号"登陆月球背面，就是"超"的例子。

其实，宇宙科学并不枯燥，关于月球，有很多有趣、好玩的故事。

◎ 月球是怎么来的？

关于月球的起源，一开始有两种说法：一说月球是从很远地方来的一个小星体，路过地球的时候被抓住了，开始围绕地球公转；二说月球是由一个类似火星的小行星撞击地球，因为碰撞产生的能量，让地球变成了一个大火球，且碰撞后崩离的材料，在目前月球轨道上聚合成了一个小火球，被地球引力抓住，成为现在的月球。

1969 年 7 月 20 日，"阿波罗 11 号"登月后，我们排除了一个错误答案（图 21–1）。

"阿波罗"登月后，从月球表面带回来一些岩石。我们分析其中的成分后发现，成分跟地球上的差不多！

如果是从遥远地方过来被地球抓住的星体，成分必然和地球不同，第一种理论也就被否定了。

所以目前看来，月球极有可能是地球这个母亲的"孩子"。

图 21-1 "阿波罗 11 号"的"鹰号"登月舱登月（资料来源：NASA/JSC）

◎ 月球是个"橄榄球"

我们都知道，地球不是正球体。同样，月球也不是正球体，它更像一个橄榄球。

这其实是地球与月球间的相互引力造成的。月球受到来自地球的引力，从而被拉成了椭圆形。此外，一旦它的中线不对准地球的球心，地球引力就会把它拉回来，所以月球的运行轨迹如图 21-2 所示的。

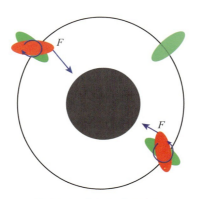

图 21-2 月球的运行轨迹

正因为如此，我们看不到月球的背面，这也是"嫦娥四号"着陆月球背面的价值所在。当然，地球同样也会受到来自月球的引力，不过由于月球引力小，地球并不会被月球潮汐力量锁定，变形的幅度也非常小。

◎ 月球表面光滑，背后粗糙

月球这颗小火球，在轨道上被地球的潮汐力量锁定后，只有一面对着地球。此时的地球是一颗大火球，所以月球正面，仍旧要接受地球传来的大量的热，这就让月球表面维持在熔融状态，且凝结后变得很光滑。

由于月球的背面背对着地球这颗大火球，冷却得很快。在冷却的过程中，又有从宇宙其他地方来的陨石向月球陨落。于是，月球背面就形成了坑坑洼洼的地质结构（图 21-3）。

由于地球这颗大火球，面对着月球正面，在月球正面冷却的过程中，即便有陨石落下来，也会被热量熔化，慢慢冷却后变得光滑。所以，月球正面和背面，就变成了今天这样完全不同的地质结构。

图 21-3　月球背面坑坑洼洼的地质结构（资料来源：NASA/JSC）

◎ 月球可以构建生态圈

"嫦娥四号"带着棉花种子上了月球，想在月球上通过人工构建一个生态圈。后来棉花种子发芽了，虽然没多久就死掉了，但在我看来，这是一项非常成功的实验！

月球背面，黑夜的温度是 –150℃，"嫦娥四号"要用自己的能源给它创造 20℃的环境，但是"嫦娥四号"的能量毕竟有限，总不能都用来保护植物吧？所以这次，棉花种子能发芽实属不易，至少证明在月球上构建生态圈这一举措可行。

不仅如此，其实我们已经知道月球上哪里可以构建更大的生态系统了，那就是月球的南极（图 21–4）。

图 21–4　月球的南极（资料来源：NASA/JSC）

月球的南极地下有"水冰"，这是生命存在的基础。不仅如此，想要在月球上生存，还要在月球的南极找好山洞。因为没准儿什么时候飞来一块陨石，如果砸到人类的营地上，那就不好玩了。此外，要找"阴影的分界线"居住，月球有阳光的部分和没有阳光的部分温度相差很大，所以我们必须要在阴影的分界线附近构建生态圈，好调整温度。

关于在月球居住，还有一个好玩的事儿。我们都知道，每个国家都有自己的领土、领空，但是对于月球而言，它是一块"公共土地"，谁先到那里就有先使用的权利。

不过这样也不一定是坏事儿，毕竟大家你来我往，在竞争中，加大了对月球的探索、研究，月球的秘密也就更多地浮出水面了。

22 怎样判断流星雨的星座

近些年，有关星座、血型等"占星术"的内容越来越火。它们的受众，已经从年轻族群向中老年族群蔓延。将星座和生肖连在一起，一直被认为是"伪科学"，但大家却为它着迷。我想，这很有可能，是因为它与浩瀚无际的宇宙有关。

下面，我就和大家聊聊那些"从天上掉下来的东西"。其实，大家可能并不了解，流星、彗星、陨石，这三样东西，都不太一样！

◎ 流星、彗星、陨石有什么区别？

我们从彗星说起。很多彗星都是从很远的地方，如古柏带和欧特云区等飞过来的。彗星一般有一个冰核，后面有时会拖着一条长达上亿千米、由冰碴构成的尾巴。

彗星的这条"尾巴"是一些冰碴碎片。这些冰碴产生的原因不难理解：在彗星朝太阳飞去的过程中，逐渐接近了太阳，彗星冰核表面的温度开始增加，就会受热爆裂成小冰碴。这些小冰碴产生后，渐渐和冰核母体分离，变成冰核伴飞体，在日光反射下，形成了一条彗星的尾巴。如果彗星的轨迹和地球的轨道相交，有些冰碴就被留在地球绕日的轨道上了。

大家应该能想到了，这些彗星留下的冰碴，会在地球经过时与地球的大气层相撞，由于摩擦会产生巨大的热量，就会发出光，看起来就成了流星。因为这些冰碴很小，所以很快就烧没了，造成流星存在的时间很短，仅有几秒的时间。

所以总结起来，很多流星，都是彗星"生"出来的。当彗星制造出的冰碴留在地球绕日轨道上特别多的时候，就会变成流星雨。实际上，流星雨就是一个个冰碴燃烧殆尽的景象。

而陨石又和它们不一样了，陨石如果进入地球大气后，一般会陨落到地球表面上，砸出一个坑来。从原理上来讲，如果彗星留在地球轨道上的冰碴足够大，撞到地球时，大气层无法在下坠过程中将它融化烧光，我们也可以称之为陨石。当然，陨石不仅来自彗星，更可能是起源于小行星带的小行星。

◎ 流星的"星座"是怎么回事

生肖星座这件事，可能很多年轻人都没有搞明白。我们会根据生日来判断自己的星座，如 3 月 21 日至 4 月 19 日是白羊座，6 月 22 日至 7 月 22 日是巨蟹座等。但是，这流星雨怎么也和星座发生关系了呢？如猎户座流星雨、天龙座流星雨等，这些流星雨到底是怎么回事？其实，生肖和星座的关系是迷信，而流星雨和星座的关系是科学。

这些道理，说简单也简单，说复杂也复杂。宇宙中有很多星座，我们也根据它们的形状给它们取了名字，黄道十二星座仅是其中的 12 个。我们给生肖星座定义的方式，其实大家很好理解。如 6 月 22 日至 7 月 22 日的时候，在白天，如果没有太阳的耀眼光芒作祟，我们是可以看得到巨蟹座的，因而从地球望过去，这个时段就属于巨蟹座出现在星空的时段。但实际上，在大白天从地球上是看不到这个星座的，要等到 6 个月后，这个巨蟹星座转到地球的夜空时间段，才能从地表看见。

流星雨只能在地球夜空中观测。在夜空中看到的星座，恰好是那个月份命名的生肖星座，再加 6 个月以后的星座。因此，3 月的夜晚，我们能看到的是狮子座，此时那些与大气层摩擦发光的冰碴，就被称为狮子座的流星雨啦！（现代生肖星座归属的月份，和该星座在黄道上实际出现的月份有差距，有兴趣的朋友，可自行研究一下。）

最后，再简单提一句：其实黄道十二星座，没什么具体的科学定义。当初，阿拉伯人和希腊人等以地球与太阳连线的射线作为参考，在白天，连线所到的地方，能牵连到的星座，就是当月的生肖星座。

所以，流星雨在某星座出现，是天文科学。但生肖星座，属占星术地盘，我们只要知道它的来龙去脉，把它当作一件好玩儿的事，就可以了！

23 地球如果不挨撞？

其实呀，宇宙中陨石乱飞的情况是有的，只不过比较少见。地球会不会遇到呢？要我说，如果地球再经历一亿年，肯定会有受到很大威力的陨石撞击的情况。到时候会怎么样？其实我们可以参考一下之前地球遭遇过的陨石撞击情况！

◎ 我们经历过多大威力的陨石撞击？

从 20 世纪开始，我们经历过两次比较大的陨石碰撞，我们管它叫"超级火流星"。第一次是 1908 年的通古斯大爆炸，第二次离我们比较近，是 2013 年的车里雅宾斯克陨石。

通古斯的陨石，让 2000 多平方千米的森林全部被推平，所有的树木全都倒下。大概过了二三十年，研究团队才有机会进去调查，但并没有发现陨石坑（图 23-1）。

图 23-1　通古斯 2000 多千米的森林全部被在空中爆炸的陨石推平

这就说明了其实这个陨石并不大，它在通过大气层的时候，可能就被"烧"得差不多了。所以，它没落地，而造成的效果，大概就像是一颗核弹在空中爆炸一样。

相比之下，面对车里雅宾斯克的陨石，人类就没那么幸运了。当时，陨石在大气层燃烧后爆炸，飞出了许多碎片，形成了陨石雨。当地许多建筑的窗户都碎掉了，并且有 1200 多人受伤（包括烧伤或划伤）。

近代的这两次陨石撞击倒还好，因为陨石比较小。6500 万年以前，墨西哥犹加敦半岛的陨石就比较大了，当时砸下来后出现的陨石坑，差不多是个椭圆形，长轴约有 180 千米！

从频率来看，地球被陨石撞击的可能性，还是挺大的。所以美国国家航空航天局（NASA）成立了一个行星防卫协调办公室，用来追踪 2 万多个小天体，就是轨道可能和地球交汇的那种。

◎ 什么样的行星可能和地球相撞？

一般来讲，行星主要的组成部分还是"铁、钴、镍"这些金属，当然也有彗星，是由冰组成的。在"小行星带"有许多小行星，它们被木星的重力潮揉碎，不能形成大的行星。

这些"小陨石"可能会受到土星、木星的引力影响，改变轨道方向，一旦它们朝着太阳的方向飞行，就有可能与地球的轨道交叉，甚至相撞。因此，我们也就知道了，其实木星、土星等星球，在一定程度上给地球提供了保护，因其可以抵挡一部分来自外层空间的陨石（包括将陨石吸到星球上，或是因为引力改变了本身将会与地球轨道交叉的行进方向）（图 23-2）。当然，它们也会对地球造成一些不好的影响，即因为它们的引力，使得陨石改变轨道，撞向地球。但发生这类情况的概率，微乎其微。

我们可能遭遇的"撞击"分为两种：一是小行星撞击；二是彗星撞击。

小行星主要由密度较高的物质组成。彗星的主要成分就是冰，在晚上看的时候，它可能会拖着长长的尾巴，那是它的水蒸气或者冰碴反射阳光的结果。

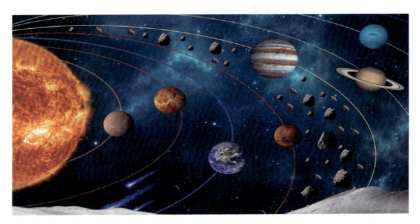

图 23-2　木星、土星可以保护地球（资料来源：https://www.rolscience.net/2020/08/donde-termina-el-sistema-solar.html）

对于小行星而言，由于小行星带离地球较近，我们可以监视得比较清楚，但对彗星的监视就有些不容易了。这是由于彗星的起源地距离地球比较远，一旦地球和初次"造访"太阳的彗星位于太阳两侧，由于太阳光线照射的原因，我们不能很清晰地看到它的行进路线，当我们发现它的时候，可能就有些迟了！

不过，无论发现得是否及时，聪明的人类已经想好了针对"即将撞向地球的天体"的解决方案！

◎ 如何保护地球？

我们知道地球公转的速度，加上计算小天体移动的速度和它们与地球的相对位置，就可以知道它们是否会"撞向地球"了（图 23-3）。

图23-3　朝地球方向运行的小天体示意图（资料来源：NASA Simulation/asteroid 2016 NF23）

　　对于我们发现比较早的小天体，我们可以采用减慢它行进速度的方式。我们利用科技，通过大概二三十年的时间，让它到达地球的时间减少七八分钟，这就足够了。因为地球的公转速度是 30 千米 / 秒，7 分钟的时间，地球运动的距离刚好是地球的直径，所以足够我们躲避即将撞上地球的星体了！

　　如果小天体朝地球运行的方向不好"监视"，那可能就有些麻烦了。因为当我们发现它的时候，可能已经来不及"做出动作"了。但是，此时第一种方法仍然可以尝试。我们还有第二种处理方法，即炸掉小行星！但是这就比较危险啦，如果爆炸后的碎片"蹦"进地球，其实也很麻烦，小于直径35米的陨石会在大气中被烧光，而直径超过35米的陨石就会冲破大气，撞向地球。相较而言，第一种方法是最稳妥的！

　　6500 万年前，地球经历了一次毁灭性的陨石打击（白垩纪到第三纪），导致物种灭绝。下一次能够导致物种灭绝的陨石撞击，不知道是什么时候。物种灭绝，就意味着食物链顶端物种的消失，对于现在的地球而言，食物链顶端的物种——就是人类。从目前人类的科技发展水平来看，如果能提早 30

年发现可能向地球方向飞来的天体，我们就可以通过减速的方式，躲避这种灾难。所以说，人类发展太空科技，也是因为它可以拯救人类自己。我们成了地球上有史以来第一批有能力避免由于天体碰撞被灭绝的物种啦！

 **如果人类收到外星人的信号会怎样？**

射电望远镜可以接收外层空间信号，那么，它能否接收到"外星人"的信号呢？如果收到，我们又该怎么办呢？

"中国天眼"，实际上是一个特别大的射电望远镜，用来观测宇宙中的天体，如脉冲星、星际间微波环境、中性氢原子在螺旋星系漩涡臂光谱，以及接触外星球电讯等。下面，我们来看看"中国天眼"是如何工作的。

◎ 中国天眼看的是什么？

"中国天眼"的主要功能，就是接收来自太空的电磁波。一般来说，它接收的都是 10 厘米至 4 米的无线电波。

当然，它也具备向太空发射电波的能力。但是这项功能就不太常用了，面对浩瀚的宇宙，我们发出去的微波，基本上是没办法收到回信的。

宇宙中传播的无线电波波长长短不等，由极短的 γ 射线、X 光、紫外线，到可见光、红外线、微波和最长的无线电波等。人类使用不同波长的电波，来观察宇宙中各类物理现象。一般说来，宇宙中无线电波的波长越短，它可提供给我们的信息就越细。

举个例子，波长较长的无线电波所提供的信息，就像我们看人的一条胳膊只能看一个大概；而波长较短的无线电波，则相当于我们可以看胳膊上的汗毛。作为目前世界上最大口径的射电望远镜，"中国天眼"发现了59颗优质的脉冲星候选体。相较于之前最大的射电望远镜"阿雷西博"（直径300米），它的综合性能更强（图24-1）。

图 24-1 "中国天眼"——500 米口径球面射电望远镜（资料来源：Wikipedia/Creative Commons Attribution 3.0 Unported）

◎ "中国天眼" 射电望远镜的优越性

"中国天眼"射电望远镜的接收面积巨大，所以它能接收到宇宙更遥远距离传来的、最微弱的无线电波，比"阿雷西博"灵敏度高出 3 倍，可谓全球第一。又因它精巧的 21 世纪工艺科技设计，它的机械零件比"阿雷西博"灵敏 10 倍，扫描宇宙空间的速度快。还有，它所覆盖的宇宙空间也比阿雷西博大 2 ~ 3 倍。和外层空间文明世界接触，使用无线电波实际可行。在宇宙中最畅通无阻的无线电波有两个波长，一是 18 厘米，二是 21 厘米，皆在"中国天眼"的覆盖范围。

因为"中国天眼"的扫描速度快，它可把目前和外层空间文明世界接触的即定星系目标，由 1000 个增加到 5000 个，能大幅增大人类发现外层空间文明世界的概率。

◎ 发现"外星人"信号怎么办？

其实，我们在 1974 年的时候，经由"阿雷西博"射电望远镜，瞄准了 2.4 万光年外的武仙星座，向宇宙送出了一组信号，算是"人类文明的密码"。到目前为止，我们并没有收到任何回信。

当然，这并不代表未来我们一定不会收到"外星人"的信号。

如果我们很久很久以后收到了"外星人"的信号，马上可以通过无线电波的解读，确定他们的方位和与我们的距离。如果他们离咱们 50 万光年，那基本就可以不用管了。人类可能几万年，甚至几十万年都达不到那个科技水平，能够在宇宙中旅行 50 万光年。

当然，我们倒是可以通过分析他们传来的信号进行学习。毕竟人家的文明可能比我们先进，或是水平差不多，但方向不一样，我们可以互通有无。

最让大家担心的，可能是他们的文明远超我们的文明，他们知道很多"我们不知道我们不知道"的事情。比如，我们觉得光速已经是速度的极限了，而他们的科技可能早就对光速有不同的理解也不一定。

大家可能想问：如果外星人真的有这么强大的科技，他们不会毁灭地球，或者占领地球呢？

这个问题值得解释：在我看来，任何有文明的星球，文明的发展都会受到那个特有星球文明模式的限制。如果宇宙中存在一个星球，文明的先进程度已经高到我们无法想象，他们必然是一个以和谐、友爱、和平为文明基础模式的星球，是永久都不发生战争杀戮的那种文明。所以，他们的来访，带来的应是和平的文明，我们也就没必要怕"外星人毁灭地球"啦！

人类以智能作出的逻辑分析固然美丽可取，但一旦真的有一天接到了外星人的到访无线电波信号，我们还是得小心谨慎处理为上策。

25 太空人的家

航天员的生活并不神秘，但在常人看来，可能会很有趣。毕竟在太空环境下，没有地球重力，许多事情都变得难以想象。

◎ 拥挤的太空舱，是航天员赖以维生的家，任何资源都不容浪费

由于太空站的使命是让人类可以长期在那里进行科学研究。太空站一旦进入宇宙，就不能再回到地球了，所以太空站中拥有所有生活起居需要的东西。人类送到太空的第一个太空站，是苏联 1971 年的"礼炮 1 号"。

大家可以想象一下，太空中没有重力，人类的排泄物可能会"乱飞"。这肯定是不行的，所以，太空站中会有一种设备，它会有一些气流出来，让人类排出来的大小便朝一个方向流动抽除。这个设备，其实充当了地球重力的作用。在太空博物馆中就有整套设备（在太空博物馆中，你还可以了解许多失去重力后的生活方式）。

当然，航天员排出的大小便并不是直接"丢弃"到太空！像水资源，它在太空中十分宝贵，所以人们的尿液都会经过处理后再次饮用，粪便中

的水分，也要经过处理完全提取出来，然后让它变成一坨硬硬的东西，包装好存起来。至于粪便的后续，它可能应用于很多地方。比如粪便里有细菌，就可能用于培养火星的土壤，或者带回地球继续做研究。

◎ 气压是否不同？人还会不会排气？

其实，排气放屁是人的生理功能，在太空站中，人的所有生理功能都不会变差。至于是否会排气，就要看航天员吃了什么东西，这跟自身肠胃功能有关，与太空的环境关联不大。

航天员在太空中不是很"喜欢"吃东西，因为吃多了就会上很多次厕所。但在太空中，上厕所的位置很小，很麻烦。

◎ 航天员怎样才有氧气呼吸？

最初，太空舱，包括航天员的宇宙飞行服都是纯氧环境的，最主要的原因是不想装太多的氮气，因为它太重了。

然而，使用纯氧的太空舱后，我们遇到了一个问题：大家都知道第一个到太空的航天员是加加林，但实际上他并非选定的第一人。之前，在太空舱做地面测试的时候突然着火，由于纯氧助燃，当时的航天员直接在里面发生了意外。

而后，美国也有 3 名航天员由于电线短路，被烧死在纯氧的太空舱中。于是，科学家决定改善气体结构，让它的组成成分与地球一样。所以，像"和平号"、美国国际太空站、航天飞机、"神舟"系列飞船和"天宫号"上的空气，都和地球的大气成分一样。

不过，航天员有时候要到太空站外工作，所以他们的出舱服内的气体必须是纯氧，这样气压相对会比较小，可以让他们胳膊和腿部的关节自由

弯曲。所幸一直到现在为止，航天员穿纯氧出舱服出舱 400 余次，尚未发生过意外伤亡事故。让航天员在太空生活，没有重力，身体生理机能处于高度失水状态，吃喝拉撒也比较困难，我们当然要想办法让他们的呼吸尽量顺畅，所以才为他们提供和地球一样的气体条件。

◎ 航天员能被阳光照射吗?

在太空站中，每 45 分钟，就会经历日出、日落，在地球上则是 12 小时。但航天员睡觉的时间还是正常的，比如你想加班，那就睡 4 ~ 5 个小时，不加班就睡 8 个小时。有人会担心，航天员在太空站中，处于昏暗的环境，只有灯光。没有太阳的照射，人身体会不会缺乏一些营养物质，从而影响身体健康?

其实，我们需要阳光照射，是由于阳光照射皮肤后，人体内会产生维生素 D，它可以帮助人体吸收食物中的钙。所以，在太空中，航天员都会摄入维生素 D，这个问题也就不存在了。当然，阳光是让航天员生活环境舒适的一个必备条件。好在，太阳每 45 分钟升起落下，问题不大。

◎ 航天员会基因突变吗?

说到这个问题，就不得不提到之前的一则新闻了：有报道称航天员在太空待了 340 天，回到地球以后，发生了基因突变，和他的同卵双胞胎兄弟有了不同，为什么会这样呢?

实际上，这两名双胞胎兄弟都是航天员，在美国国家航空航天局非常有名，他们的名字是史考特·凯利和马克·凯利。美国国家航空航天局对他们进行了实验，即让史考特到太空中去，而将马克留在地球，观察他们的基因表现。

据新闻报道，史考特在太空中发生了 5% 的基因功能变化，从事实来看，并非史考特的基因发生了突变，而是基因的"打开闭合方式"出现了变化。

我们都知道，基因是 DNA，DNA 是一个双螺旋结构，它会不定时地打开、闭合，并在打开的过程中，在细胞核中复制单股信使 mRNA，而 mRNA 脱离细胞核进入细胞质后，开始指挥身体制造所需的蛋白质，如头发、指甲、肠壁，红白血球和荷尔蒙等。人类在地球的环境下生存，DNA 就会有适应地球重力环境的打开、闭合方式。同样，在太空中，它会适应太空无重力环境，产生一定的变化，而史考特的变化也是因此而来。

其实，在太空生活还有许多要注意的事情。比如，生活久了，你每天要做 4 小时的冲击运动，让自己的骨骼受到冲击力。在地球上，我们走路、跑步时，膝盖都会受到冲击。但在太空中，不会有这样的冲击，因此，骨细胞会偷懒减产，人体就会主动降低骨骼的强度，等他回到地球的重力场，再走路、跑步，就很有可能受伤！此外，在没有重力场的情况下，人体只能容纳在地面情况下的 95% 的水分，和地面比较，其实是处于极度缺水的状态。体液一减少，体内红血球、白血球又开始偷懒，产量会相对减少，人就会贫血，对细菌的抵抗力也会降低。诸如此类，都是航天员可能遇到的问题。

太空实验不易，人类太空科学的进步，必须要这些英雄为我们做出贡献。如此，太空科学才能一步步发展起来。

最后，让我们向这些航天员致敬！

26 你愿意到太空中生活一个月吗？

遨游太空对于普通人来说，应该是非常神奇的体验。在我看来，国际

太空站对公众开放没有什么不好，这可以让一些人了解太空，也可以从一定程度上减轻国际太空站的经费压力。大伙可能觉得5800万美元的票价，以及每日4万多美元的日常花费有些昂贵，不过即便是这样，我想依旧会有大批人排着队想要到太空去走一走。

下面我就跟大家聊聊有关国际太空站（图26-1）的事。

图26-1　国际太空站（资料来源：NASA/JSC）

◎ 国际太空站很"贵"

国际太空站的旅行费用昂贵，这其实合乎情理。太空站是有一定寿命的，那里距离地面400～450千米，会受到强烈紫外线的照射，并且，太空环境高真空，带电粒子横飞，高速小陨石乱窜，都会对太空站造成损害。但在太空最厉害的还有一种在地面不存在的气体，那就是原子氧，它腐蚀性极强，对太空站冲击最大，防不胜防。

我们所熟知的氧气，由两个氧原子组成，英文缩写是 O_2。在离地球 200 ~ 700 千米范围，因紫外线的能量，硬把 2 个氧原子拆开，就形成了只有一个原子的原子氧 O。这种原子氧的腐蚀性非常强，尤其对聚合材料和集成电路镀银膜的攻击巨大，导致太空站大面积腐蚀剥落，所以，太空站的一些舱外材料，需要不断更换。

那么，维护的费用有多高？我大概计算了一下，每年至少要 50 亿美元。大家再来对比一下，和一位旅客 5800 万美元相比，这维护太空站的费用才是天价吧！

当然，5800 万美元仅是上太空站的机票费用，额外的杂费还有很多，包括"呼吸"的空气费，"上厕所"的洗手费和"吃饭"的餐饮费等。在太空站，一举一动都要付费。比如，每天食宿费用 35000 美元，上一次厕所的费用是 11250 美元，上网也要额外收费……太空站这个"五星级酒店"，没有免费热情待客的规矩。

◎ 什么人都能去太空旅行吗？

航天员都要经过严格的筛选。那么，你是否有疑问："去太空旅行的人，对身体体质有什么要求吗？"

这一点可能就和大家想的不太一样了，其实，大多数正常人的体质都可以进行太空旅行。在国际太空站，你所感受到的不同，可能仅仅是失重。国际太空站的位置虽然在太空，但它仍在地球磁场的保护下，如果人们待在太空站内部，外层空间来的射线、太阳的粒子不会对其造成严重的伤害。所以，如果你可以适应并克服失重带来的困扰，就可以考虑去太空"旅行"啦！

但是，你也要"遵守游戏规则"，毕竟，到了国际太空站可能会有一些约束，不能按照自己的意愿随意行动。当然，最重要的是，你要有足够的资金！

◎ 太空旅行前景如何?

其实，我觉得太空旅行这种商业行为是有意义的。毕竟科研也需要经费，目前，这笔经费皆由国际太空站参与国承担，每年的支出有点沉重。如果太空站可以做旅游生意赚钱，那将会让太空站的经费压力得到一定的缓解。这样一来，既能让一些对太空感兴趣的群众上去体验，又可以通过太空旅游的收入，贴补纳税人支付的太空科学研究，这也算是两全其美的事。

当然，我想这个商业行为，也许最多可以进行 5 年的时间。虽然能支付 5800 万美元的人不少，但是 5 年下来，这件事是否可行，商业模式是否成熟，就是评判它能否继续下去的标准了。此外，参与的人，可能也不仅限于到太空站旅游，很多人可能想去月球，甚至火星走一遭。

虽然我不知道这样的想法是否行得通，但是从理论上讲，到月球旅行是可以的，不过到火星旅行可能就不行了。但是，到越远的地方去，发生危险的可能性也就越大。只要发生一次"太空难"，太空旅行就可能叫停了。太空旅行的确让参与者在见闻上有大幅提升，但这类旅行者一定是富有者，不是一般打工赚钱的普通人能负担得起的!

世界前沿科学研究

身处科研领域，李杰信博士不仅对宇宙科学有深入研究，对其他科学技术领域的内容均有涉猎。本着对陌生事物的好奇及严谨治学的态度，李杰信博士和众多学术界大咖沟通交流，对 21 世纪科学界仍在研究的问题展开探讨。

　　远到我们几乎不会接触的"绝对零度"，近到人类为什么要睡觉、人类寿命的极限在哪里；大到地球能够承载人口的极限，小到地球最小的生物是什么。了解本章节的内容，你不仅能更了解自己、更了解生活的环境，也会对生活充满疑虑，当然，更多的会是对未来的期待。

想体验绝对零度的永恒静止吗？

　　绝对零度，其实是热力学的概念，说的是一般物质理论上的最低温度。比如所有的固态、液态、气态物质的最低温度。其实，科学家一直在研究绝对零度，也想要看看如果真正达到绝对零度，是否会有异象产生。

　　下面，我们就来从绝对零度的概念及发现讲起。

◎ 气球膨胀的压力是从哪里来的？

　　我们吹气球，气球就会膨胀。18世纪前后的物理学家就提出了一个疑问：这压力从何而来呢？

　　到最后，物理学家得出了一个结论：空气中有很多原子，原子的运动形成了支撑气球鼓起来的压力。这种运动，叫作布朗运动（图27-1）。这些原子的运动轨迹我们并不清楚，不过我们清楚的是，它们会在这个空间里四处"碰壁"。但是，根据统计力学，科学家得出了一个"理想气体定律"——波义耳定律，即压力乘体积和温度成正比。

$$PV=nRT$$

　　所以，如果原子不乱动碰壁了，就不会产生压力。压力为零，那波义耳定律右边的 T 也就等于零了。这个零就是绝对温度的零。同时，因为原子不乱窜碰壁，它其实就像被冻僵躺在那儿，也无法形成波义耳定律左边的体积 V。换言之，体积也等于0，温度也就再次跟着为0了，这就是绝对温度为零的古典原始来源。绝对温度以开氏温标 K 来代表。以绝对温度衡量，0℃为273.15K，100℃为373.15K，绝对温度0K为 -273.15℃。所以，开氏温标和

摄氏温标每度大小相同。

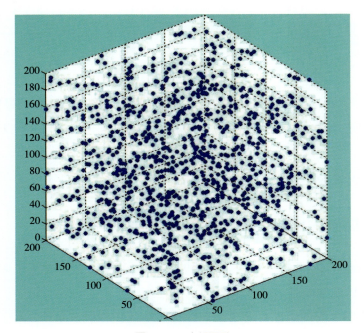

图 27-1　布朗运动

为了达到低温，人类刚开始就用各种冷媒，如干冰、液态氧、液态氮、液态氢、液态氦等，后来又用低压环境，制作成超流状态。与超导类比，超导状态即没有电阻，那么超流即是原子流动时彼此间没有阻力或黏滞力。经过这一系列的操作，包括用液氦 -3 超流冷媒，我们终于让温度达到了约 0.001K！

◎ 量子力学让人崩溃

我们想着，总能把原子冷凝固定住，让我们"一看究竟"。但是，量子力学的出现就让我们崩溃了。

这时候，我们就要提到曾经反复提及的测不准原理了（图27-2）。测不准原理是量子力学的基本理论，它有两个相对的元素：时间和能量，位置和速度。这两组相对指标，是互相"测不准"的！

图27-2　量子力学的测不准原理

那么，当原子完全静止的时候，我们就知道了他的精确位置，所以它的速度我们就无法得知了。于是，我们定位它的一瞬间，它的速度可能是无穷大，还没等我们看清，可能就消失不见了！

还有一个经典的测不准原理的结果，就是宇宙大爆炸的瞬间。为什么宇宙大爆炸的能量那么高？因为我们把时间规定得太精确了，能量这部分就会因测不准原理，发生巨大的量子震荡。这也是现在我们测量暗物质、暗能量的困难——我们很难再去制造那么大的能量。

说回绝对零度，现在大家应该明白了：绝对零度怕是很难达到了！

◎ 我们还对绝对零度有什么畅想？

不过，我们还是想了很多办法。著名美籍华裔科学家朱棣文发明了"激光冷却"，就让我们离绝对零度更近了一步。因为这一个伟大的发明，朱棣文获颁1997年诺贝尔物理学奖。大家可以想象一下：一颗子弹在空中飞，我们很难让它停下来。但是如果用6颗子弹，分别在这颗子弹的上下左右前后，找准时机发射，理论上是不是可以让子弹在一瞬间停止下来呢？

朱棣文先生的激光冷却就是利用这样的原理，在一个原子的周围发射 6 颗光子，尝试让原子静止。利用这样的技术，我们又让温度冷却了 1 亿倍！现在，我们在国际太空站中，已经能达到 10^{-10}K 的超低绝对温度了！

但是，既然还没有达到绝对零度，我们就可以对它有所期待和畅想了。比如，达到绝对零度，是否可以把人"时空禁锢"住？一个人如果"被绝对零度"了，身上的一切都静止了，也不会死亡、衰老，记忆也停留在那一刻。百年之后再苏醒，想必是一番很神奇的体验！

有人说，绝对零度是固态、液态、气态、等离子体态或玻色－爱因斯坦凝态的另外一种状态。其实不是，它仅仅是一种温度罢了。其实量子力学的测不准原理，永远不允许人类的科技抵达绝对零度。但在极接近绝对零度的低温环境下，会有很多人类无法想象的物质存在的量子状态。向绝对零度迈进，人类可开拓出一片肥美的量子科研沃土。

 **28** 为什么人类的基因没有某些植物多？

据 2018 年的研究数据，人类身体内的基因数量在 19900 ～ 21300 之间，基因的类型包含两种：内含子和外显子。顾名思义，内含子即是基因系列中没有表现出来而在体内隐藏起来的部分，而外显子则是最后通过氨基酸和蛋白质表现在外部的基因系列部分。可以说，人类实际可用基因的数目真的很少。根据我们的调查，一种叫作拟南芥（阿拉伯芥）的植物，仅有

5 条染色体，却有 25000 多个有用的基因。还有一种腔肠动物线虫，仅有 6 条染色体，也有 20000 多个可用基因。那么，人类这种拥有高等智慧的动物，为什么可用基因的数量这么少呢？

◎ 基因——有遗传信息的 DNA 片段

人的信息在基因上，基因是有遗传信息的 DNA 片段。DNA 是一种双螺旋结构，原因是这种形态比较坚固、稳定，占的空间较小，且打开、闭合更加方便。

DNA 是由碱基组成的，碱基就好比计算机的位。计算机的位是 0 和 1，而人体是数字式生命系统，有 4 个位，即 A、T、G 和 C 碱基。目前，我们已经知道人体内有 23 条双螺旋结构的染色体，双螺旋每边大概有 30 亿个独立碱基。子辈由父亲、母亲各继承一套双螺旋染色体，所以人体内共约有 30 亿 ×2×2=120 亿个碱基。

碱基有 4 种，A（腺嘌呤）、G（鸟嘌呤）、C（胞嘧啶）、T（胸腺嘧啶）。U（尿嘧啶）只在 DNA 中的 A 转录到 RNA 时才出现，是 T 的轻微变化版。地球上生物的 DNA 和 RNA 都是由这 4 种基本碱基组成的。

人体内，碱基的用处主要是用来制作蛋白质的，碱基通过排列组合成为某特定氨基酸的密码子，许多氨基酸最终依密码子出现的次序结合成蛋白质。人体内最复杂的蛋白质可能由约 3 万个氨基酸组成。

◎ 基因——制造蛋白质

人类是蛋白质生命，基因制造蛋白质的过程不能停，一旦蛋白质停止合成了，人的生命就到尽头了。所以在这里，我们可以先简单回忆一下高中课本的知识——基因如何制造蛋白质。

DNA 是双螺旋结构，且不断重复着打开、闭合的过程。在蛋白质的制造过程中，DNA 在某种特殊聚合酶的催化下，会打开双螺旋，复制出单股的 RNA。这个过程中，DNA 的 A、G、C、T 与 RNA 的 U、C、G、A 相互对应（图 28–1）。

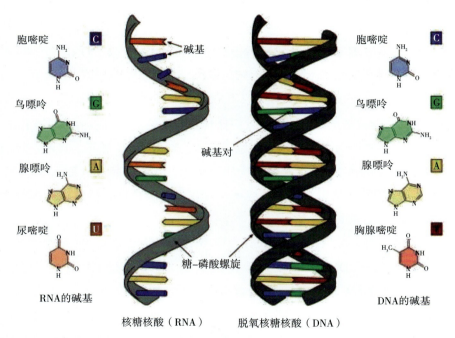

胞嘧啶 C
鸟嘌呤 G
腺嘌呤 A
尿嘧啶 U

RNA 的碱基

碱基
碱基对
糖–磷酸螺旋

核糖核酸（RNA）　脱氧核糖核酸（DNA）

胞嘧啶 C
鸟嘌呤 G
腺嘌呤 A
胸腺嘧啶

DNA 的碱基

图 28–1　DNA 和 RNA 结构示意图（资料来源：维基百科 /DNA/Creative Commons Attribution–Share Alike 3.0 Unported）

由此复制出来的 RNA，因为其中带有许多的"内含子"，其实是一种"草稿版"的 RNA。对于我们的身体来说，内含子片段表面上好像就是垃圾，但实际作用，我们尚未完全理解。为了处理这份草稿版 RNA，我们身体的蛋白质"酶"就出来工作了。

我们身体中有很多酶，酶的本质是一种蛋白质。其中，草稿版 RNA

就要被剪切酶处理，去掉其中没用的内含子，制造出信使 mRNA，之后和 tRNA、rRNA 一起从细胞核运送到细胞质内，去制造特定的蛋白质。

◎ 基因和蛋白质是对应关系吗？

我们最开始认为，一个基因对应一个蛋白质。刚刚我们说到，人体内有 2 万个左右的基因，但是人体所需要的蛋白质大概有 10 万种，如果按 1∶1 来讲，这些基因制造出来的蛋白质种类数量，肯定是不够用的。

所以，我们的身体有"独特的制造蛋白质的技巧"。以图 28-2 为例，基因上有 1~5 个外显子片段，其余的是内含子。剪切酶在处理的时候，除了先把所有的内含子全剪掉，第一次可以留下所有的 5 个外显子。第二次只剪掉第 3 个外显子，留 1、2、4 和 5。第三次只剪掉第 4 个外显子，留 1、2、3 和 5。如此，每次制造出来的蛋白质就不同了，这种方式叫作"选择性拼接"。

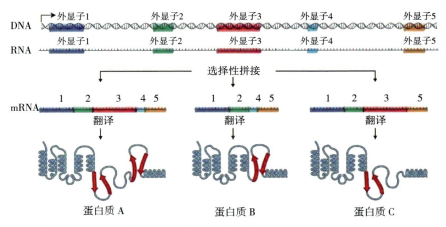

图 28-2　RNA 不同"选择性拼接"处理（资料来源：Public Domain/Alternative splicing/ FedGov/ USA）

就好像生产饼干的工厂，制作饼干基本都需要面粉，但有的需要盐，有的需要糖，有些可加点奶油。所以，使用相同面粉的材料，略加些变化，就可生产出不同口味的饼干了。用这样的方式，"剪刀"可以有多种操作方式，所以人类可以用很少的基因，制造出多种蛋白质。科学家发现，有一种单一基因可以利用"选择性拼接"的方式，制造出 38016 种不同种类的蛋白质。

人体内有 20000 个左右的基因，其中有 95% 的基因制造出的蛋白质都是选择性拼接产物。人体的基因虽然少，但是通过选择性拼接，就可以制造很多不同种类的蛋白质。目前，"选择性拼接"仍然是个很活跃的研究领域。

我在 2005 年和阳明大学简静香教授共同写了《生命的起始点》一书。当时关于"选择性拼接"的研究尚在起步阶段，到了今天，这方面的科技认知在不断进步，"为什么人类基因很少"这一问题，也可能渐渐得到了较清晰明确的解答。

29 人类寿命的极限在哪里？

人类在追求长生不老的路上从未停止脚步，因而，对于人类寿命的研究也就一直在进行。直到今天，吉尼斯世界纪录最长寿的人是一位法国女性，活到了 122 岁；在男性中，一位日本男性活到了 116 岁。在历史的纪录中，真伪无法判别，中国清朝曾有一位名为李青云的老者，据说活到了 256 岁！

现代科学对于人类寿命的极限研究，共分为三种，其极限寿命的数字也有所不同，下面我就为大家一一分析。

◎ 根据细胞定义寿命长短

人体内有无数细胞，细胞活不下去了，人的生命也就停止了。众所周知，细胞会不断进行有丝分裂，在分裂的过程中，细胞其实是有消耗的。图 29-1 是细胞分裂的示意图，可以看到，染色体上面有一块红色部分，叫作"端粒"，在细胞不断分裂的过程中，端粒在逐渐变短，而当端粒缩减到没有的情况时，细胞也就到了尽头，不能再分裂了。

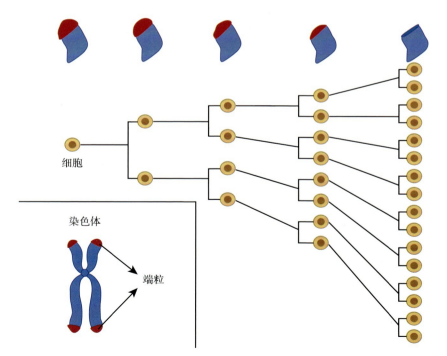

图 29-1 染色体上端粒缩减（资料来源：Wikipedia/Wikimedia Commons/Telomere）

那么，一个细胞能分裂多少次呢？根据科学家的观察，人体内细胞的平均分裂次数在 45 次以上，46 次以下。根据人体细胞的分裂次数来定义人体的寿命，似乎非常合理，好像追溯到了本源。并且，如此计算出的人类寿命极限在 120 岁左右，也与目前的吉尼斯世界纪录相匹配。

◎ 根据"熵"来计算寿命长短

熵出现在热学第二定律中，表示一种"混乱度"。比如，你每天要到书房看不同的书，过了 3 天，你的书房就会变得混乱，熵值就会增加。这时候你必须消耗能量来整理书房去降低熵值。宇宙中存在着一个熵值，而人体中也存在着熵值。

每个人都有身高和体重，一个人身体中肌肉的质量除以身高，其值就表示这个人的健康程度，也代表身体的一个熵值。要注意，这里说的不是体重，而是肌肉的质量，是去掉"肥肉"的。一般而言，身体的熵值越高越健康。21 世纪的最新研究数据表明，现代人在 35 岁时这一比值最高，也就是人最健康的时候。35 岁过后，随着年龄的增长，这一比值在不断下降。

最终，科学家发现，通过此种和生命力有关的熵值计算方式，人的生命极限超过 100 岁，但不超过 160 岁。

◎ 根据死亡率来计算寿命长短

在讲述这一人类寿命极限计算方法前，我要先跟大家说明，这种方式并不被所有人认可，但其也有一定的道理。

1939 年，科学家对不同年龄的死亡比例进行统计，结果发现，人类的死亡率随着年龄增长在不断增加，但到达一定的年龄后，死亡率会达到一个固定不增加的数值，竟然没有到 100%。

根据这个"老年死亡率减速定律"计算出最大的死亡率极限，女人仅到达了 44%，男人到达了 54%。

我们可以顺着这个思路思考下去，以女性为例，假设从 100 岁记起，死亡率从 30% 不断增加至 44%，即便 100 岁的女性达到 100 万，101 岁就变成了 70 万，死亡比例不断增加，人数不断减少，其实最终也会有一个极限，即并不是所有的人到最后都会过世，这个结果也太神奇了吧！

当然，这种计算方式也有一定的局限性，这也是许多人反对它的原因。1939 年，该计算方式被提出，以美国为数据样本进行调研。不过，美国有许多家庭在老人死亡后不上报，因为可以继续领取退休金，所以数据样本可能并不准确。但人类寿命的极限本就是理论值，目前大家同意的数值约为 145 岁。

了解人类寿命的极限仅是扩充知识，人要真正健康地活得长久，才是对自己有益。想要有一个好身体，活得长久，一是心理上，要保持心态乐观向上；二是身体上，要保证自己不摄入过多的卡路里。因为摄入过多卡路里会对身体中的"修复基因"造成伤害，进而减低寿命，所以减低卡路里的摄入，是增长寿命一个重要因素。

愿大家都健健康康！

30 人类的记忆与自我意识

人类的记忆，分为短期储存和长期储存。比如你今天碰到了一位穿着怪异的人，过两天可能就把他忘了，这是短期记忆储存；母亲的形象你永远记得，这就是长期记忆储存。

人类的记忆储存与调用，实际上是很高阶层的问题，记忆的发生，人体内会有很多动作。比如看到母亲的形象，它会从视觉通过神经进入我们的大脑，继而身体内会有一些化学上的反应，然后储存在身体的某一部分。

我们就从中学的生物知识讲起，来说说记忆。

◎ 记忆的基础操作

人的整个神经系统，包括神经元、轴突、突触等。轴突用于连接神经元，轴突的终端是突触，突触与其他突触连接，用于传递信息。例如，一个神经元受外界刺激，经由轴突传到了突触。突触辨识刺激类别后，就经由生化反应链，启动了感觉神经元细胞的一系列动作，做出适当反应。

生物体每次接受到一个外界的刺激，都会做出反应。一般的反应大都是短暂的，如过眼烟云，一下子就忘记。但有些刺激是连绵不断的，如母亲慈爱的形象。生物体，尤其是人类的大脑，最终一定要找方法，把它储存成长久的记忆。那么，记忆究竟储存在我们身体的哪个部分呢？

人脑拥有约 860 亿个神经元细胞，几乎跟银河系中的恒星数目一样多，但它们比恒星更加复杂。

根据最新研究发现，人类接收强弱不等的信息后，会经过神经元和轴突，在突触位置以生化分子与下位突触表达联系的强弱，暂时储存在海马回（Hippocampus）里（图 30-1）。

量变产生质变。一旦我们反复调用海马回里的记忆，海马回也就知道了它很重要，就可能在神经元细胞内发生变化，导致在突触位置增生额外的突触。而这个讯息，也可能传递到大脑皮质，于是在海马回外的大脑皮质位置，就会有对应的蛋白质生成，形成一个长久的记忆。

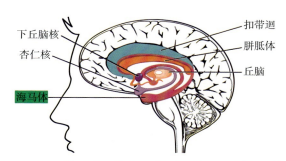

下丘脑核
杏仁核
海马体

扣带迴
胼胝体
丘脑

图 30-1　人类大脑中的海马回（资料来源：Wikipedia/Public Domain）

而这个长久的记忆，存放在我们的"大脑皮质"中。大脑皮质里有很多细胞，很有可能这些细胞就是记忆储存的最终单位，只不过它可能分布得很广，比如一种记忆分布在成百上千甚至更多个细胞中。

如果在大脑表皮上，接上许多能侦测到脑波的微电极，我们就会发现，当某一部分大脑皮质发亮，那可能就是那部分的记忆被调取了。

◎ 记忆以何种方式储存？

我们吃饭，最后食物会变成某种物质储存在人体内。但是对于"记忆"这种事情来说，它不是实物，又如何存在呢？

人类体内的物质，都以蛋白质的形式存在。体内的 22 种氨基酸组合成各种各样的蛋白质，像头发、指甲等都属于蛋白质。

那么记忆很可能也是以蛋白质的形式存在的，比如我在公路上看到了一场车祸，这些画面就刺激我的神经元，由轴突传到突触，产生了一系列生物化学反应，在海马回中合成了一些特殊的、短期存在的蛋白质。

如果这个记忆对你神经的刺激不但特别大，且又非常频繁，那么海马回就会决定将其送至大脑皮层某处，以较硬化的蛋白质形式，进行长时间的储存，成为可调用的长期记忆。

◎ 说说人类的哲学

西方有一位非常著名的哲学家叫笛卡尔，他有一个著名的理论，叫作"我思故我在"。很好理解，这是一种极为唯心的理论，即我心里想到了什么，它就一定存在。他甚至说因为上帝在他的心中存在，于是上帝一定存在。他用这个方法，证明上帝的存在，竟然被西方文明通盘接受！这个理论曾经在西方极为流行，毕竟直到现在，美国也是一个相信上帝的国家。无论在美钞上，还是在他们的人权宣言上都有所体现。

但是按照这样的想法，人类的科学很难进步。到了 19 世纪中期，又一位哲学家尼采出现了，他提出了一个"超人"的哲学思想，以人的意志为主导，宣判了上帝死亡。

最简单说来，推翻上帝的思维束缚后，人类的科学就有了长足的进步，同时进入电磁波文明，也发明了很多仪器，这也对细胞、记忆的研究有了很大的促进作用。

20 世纪的最后 20 年，对记忆的研究进展加快，从一个刺激，到神经元的反应，到轴突、突触之间的传播、沟通和生物化学反应，可能主宰人体记忆蛋白质的现形，人类追寻记忆的科研方兴未艾。不过，直到艾力克·肯德尔（Eric Kandel，2000 年诺贝尔生理学或医学奖得主）出现，经过 20 多年的研究，用海蜗牛（亦称海兔）进行研究（由于海蜗牛神经系统简单，只有约 2 万个脑细胞，比人类脑细胞 860 亿个少了很多），才有可能渐渐对生物记忆的本质展开研究。因为这个对神经记忆的科研，有的近代西方哲学家甚至认为，人类已开始将笛卡尔的"我思故我在"的唯心思维，修改为以物质为基础的"我在故我思"的哲学思维。这也标志着人类的哲学，向更加唯物的科学理论、思想上靠近。

其实，人与人之间的不同，最基础的就是每个人的记忆不一样。不同的记忆，可能左右一个人个性的形成，甚至造成这个人自我意识形态的发展。目前，科学家对人类记忆、意识的研究，正在起步阶段。如果未来，可以通过对神经元、轴突和突触方面的研究，最终找出人类记忆的形成和储存的位置，进而理解记忆和自我意识的关联，那将是人类文明一大突破。换言之，人类极可能通过对记忆科学的研究，探入对人类一直是神秘领域的意识灵魂范畴。

31 我们为什么要睡觉？

我们为什么要睡觉，不要看这个问题简单，它也是科学界在研究的非常活跃的课题，2017 年的诺贝尔生理学或医学奖就是颁发给研究此领域的科学家。很多人可能很自然就想到了，人会累，就需要休息，就要睡觉，这当然没问题，但这其实还蕴含着更多人体需求，以及与自然的关系。

图 31-1 是一张地球从 38 亿年前到今天，氧气比例变化的历史图。我们发现了 35 亿年前老的蓝绿藻化石，它可能就是地球进行光合作用的绿色生命的祖先（绿色生命出现的时间可能比这个日子还要早）。

为什么要说氧气呢？因为它对于人类身体，乃至很多生命，都有极大的影响。

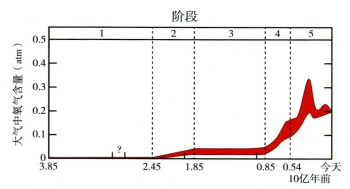

图31-1　地球氧气含量变化的历史图（资料来源：Wikipedia/ Creative Commons Attribution-Share Alike 3.0 Unported）

◎ 氧气对于生物的影响

氧气对于人类的影响不言而喻，我们需要氧气来维持生命，但不是所有生物都是这样的。许多年前，我们地球上的大气成分主要是二氧化碳，之后有蓝绿藻这样的生物，通过光合作用产出氧气。氧气先被海水、岩石等吸收后，就留存在这些物质中了。

大概在24亿年前，地表的水、岩石，海底的岩石，将氧气吸收饱和以后，开始向空气中释放氧气，于是，空气中的氧气含量开始不断增加。但是，氧气的出现，在当时来说并不是什么好事，因为氧气对于很多生物而言都是有毒的，尤其对于植物，因为它非常惧怕氧化。我们常见的不需要氧气的生物，如厌氧菌等。

但地球生物具备多样性，氧气出现的同时，也出现了许多像我们人类这样的生命形式。我们并非不惧怕氧气，而且我们一边要利用氧气生存，一边还要抵抗它对我们身体的侵蚀。人老了以后脸会起皱纹，就是氧化的结果，而许多人会用护肤品，目的就是抗氧化。

说了这么多，就要说睡觉了！因为，睡觉就是人类抵抗氧化的一种方式。在睡眠的时候，人的身体会修复氧化给我们带来的伤害。

◎ 睡觉的其他用处

睡觉对于人体的修复，和大家想的不太一样，它既能修复氧气对我们的侵害，还可以修复我们基因受损的部分。在我们进入深度睡眠后，核磁共振成像（MRI）显示人类的大脑被血液冲洗好多次。这是只有在深度睡眠时才会发生的现象。并且，睡觉的过程，也可以修复我们的免疫系统。我们都知道，如果一个人的免疫系统健康，那么他就会很少生病。一般得病的也大多是免疫力低下的人群。所以，早睡早起，对于抵抗细菌和病毒非常有效。

除了修复身体，睡觉还有很多奇妙的用处。比如，恢复体力。还有，睡觉可以帮我们稳定情绪。我们如果在晚上有一些激烈的情绪，通过睡眠就可以稳定下来。再有，睡觉还可以帮我们恢复记忆，不知道大家有没有过这样的经历：自己记住一个东西后有些模糊，记不清了，睡一觉起来又能记起来了，这就是睡觉帮我们恢复了记忆，就好似"沉淀"下来一样。

除此之外，睡觉还有一个非常关键的作用。睡觉期间，身体会进行荷尔蒙的分泌，对于人类的繁衍是有帮助的。其实动物界演化出来的两性繁殖，也是为了有效修补基因的损伤而来。从父母各取一半基因，可大幅降低遗传基因损害风险。

◎ 人们应该如何睡觉？

我们先说一个常识：如果你熬夜、通宵不眠，而后通过睡更长时间来补觉，那也于事无补，你的身体已经受到了很大的伤害。关于此，我们来解释一下。人的意识和身体是分开的。很多时候，我们的精神并不愿意受身体的支配，经常熬夜的人的习惯，和身体本身的习惯可能并不相同，但身体会适应人的习惯。

对于睡觉这件事而言，我们首先要有黑夜和白天的概念，日出而作，日落而息。人体辨析昼夜，是通过视交叉上核。身体受它影响，到了白天就精神抖擞，到了晚上就分泌大量的褪黑激素，从而造成困倦，引导人休息。虽然视交叉上核的认知会根据环境和人的行为修改，但按照我们的身体情况早睡早起，肯定是最好的调理身体的方式。所以要告诉大家什么呢？睡觉是最好的抗病毒方法，但不能"乱睡"，11点前休息、7点起床是不错的生物钟！

我们从上述的内容中其实可以发现，睡觉对人的身体有极大好处，但睡得太多也不是好事。每个人都有惰性，体内的细胞、器官同样也有。当你不常运动、不常思考，它们也会"锈掉"。到时候无论你的身体机能，还是反应能力都会下降，想要调整回来就又要花上一段时间。

32 人类能否切断某些免疫反应？

说到这个话题，我自己还是很有发言权的。我对美国东岸的43种花粉过敏。有一次情况还特别严重，几乎不能呼吸，同事直接把我送到了医院。

现在来看，这类内容的研究越来越重要，因为在我们生活中的一些场景下，需要我们的免疫系统减低响应力度，甚至暂时"回避"，以避免身体的不良反应。

◎ 身体对于外界的"抵抗"

人体的免疫系统，通常会在以下两种情况下产生抵抗反应，由于每个人体质不同，表现出来的抵抗力度也不同。

第一种就是我亲身经历的过敏反应。由于人体吸收了某种看来并无害处的外来物质，经由循环系统，传到全身。但身体内的免疫细胞一看，不得了，敌军来袭，于是对这种本来无害的物质产生非常敏感的反应，一定要把它们杀死。我们的身体也因这类体内恶斗产生的垃圾或积水肿胀而变得虚弱，甚至发生不良反应，如起疹子、呼吸困难、昏厥等。其中最常见的有花粉过敏、鸡蛋过敏、坚果过敏、海鲜过敏、动物皮毛过敏等（图32-1）。

图 32-1　人体过敏反应

第二种是发生在器官移植过程中的免疫反应。当人体器官转移到了另外一个人的体内，身体就可能会发生大规模围剿的"排异反应"，这也是我们自身免疫系统，对于"不认识"的细胞做消灭性的攻击，以完成确保自体安全的天赋神圣任务。最常见的器官移植，包括眼角膜的移植，肾脏、肝脏和心脏移植等。

如果我们能找到方法，让身体主动关闭一些免疫反应，上述两种情况的过敏都会得到大幅的好转。目前，我们使用的策略就是"钝化"免疫体。专家当然有更深奥的术语，把它叫作"嵌合体策略"，以用来让身体"钝化"，甚至停止某些免疫反应。

◎ 嵌合体策略的三种方式

现实的情况是，人进行了器官移植之后，必须要用重药来防止身体的免疫细胞对该外来器官的围剿攻击。这类重药，一用就得用一辈子，不能停止。但因为是重药，就会让人体异常难受，严重降低了接受器官移植患者的生活质量。再强调一次：完成器官移植后，我们通过药物压制身体的某种免疫细胞，然而，患者必须一直吃这种药，一旦停下，免疫细胞就又来攻击移植的器官，很有可能把移植器官破坏掉，如不及时再移植，甚至让人丧命。为了尝试解决这类问题，我们研究三种嵌合体策略。

第一，尝试改变细胞对移植器官的敌意。

我们身体里的免疫细胞承担着保护身体的重任，一旦有非我族类的细胞入侵，他们就会拿起武器，攻击入侵者。面对新移植的器官，也是同样的道理。这时候，我们可以通过改变免疫细胞的记忆，让细胞不攻击新移植的器官。我们之前提到，记忆可能通过某种蛋白质的方式储存在我们身体里，我们就可以找到细胞的记忆表达方式，通过植入移植器官的细胞记忆，来达到让细胞不攻击的效果。一般来讲，选择器官原本身体的骨髓提取是最好的。

第二，杀死我们的部分免疫细胞！

我们身体里的免疫细胞，就好像我们身体里的战士，它们有时候就好像蚂蚁中的"工兵"，或者像会蜇人的蜜蜂一样。很多时候，它们进行攻击后，自己的生命也会结束。所以，我们可以对这些细胞传递"身体有外来器官进入"的假信息，诱使它们迅速进入后阶段的"自杀"动作。不过，这也伴随着一个问题：如果这些细胞有其他的免疫功能，我们人体也会随着它们的死亡而丧失一些其他重要的免疫能力。所以，如何更精准地找到只针对器官移植的免疫细胞，就是我们需要研究的课题了。

第三，让身体不生产攻击移植器官的细胞。

由于人体内所有类型免疫细胞的总和是固定的，就好比工厂里一共就有 10 条生产线。我们如果让身体全部生产与攻击移植器官无关的免疫细胞，就没有留下任何攻击这种器官免疫细胞的"空间"了。就好像武器中没有鱼雷，也就无法攻击敌人的潜水艇了。

人体的过敏反应、器官移植造成的免疫反应，对人体影响还是非常大的。我的花粉过敏，前前后后治疗了 20 多年，还是以注射 43 种花粉液体"钝化"自身免疫系统的反应，来减轻症状的，使用的方法可归纳入前面说到的第一类策略。因为身体对春天来临的花粉特别敏感，流鼻涕、打喷嚏对生活质量有影响，我反而被逼只喜欢万物皆枯的寒冬日子，生活质量受到很大影响。但和器官移植患者要用重药来压抑身体免疫反应相比，我的一点花粉过敏，连小巫见大巫的比喻都用不上。由此看来，我们人类科学在免疫这方面的研究，还有很长的路要走。

33 致癌的生物学基础是什么？

在我们的生活中，能够使人类上瘾的事物很多，除了冰毒、吗啡、海洛因、大麻、鸦片这些毒品，还有烟酒、镇静剂、赌博行为，甚至打游戏行为等。

说到上瘾的原理，就要先讲清楚神经元的作用。人类对外界刺激的感

受，是通过无数神经元经由轴突一路传到脑部的。而神经元和神经元中间的轴突，传递信息的结构叫作突触。突触可以接收很多种信息。人类接触到令人上瘾的事物后，身体就会产生化学变化，生产某种特定的转录因子被突触接收到。这个特定的转录因子的符号，一般以 FosB 表示，内容深奥，我们认识它能产生的不良就好，不需深究。

如果我们长时间接触致瘾事物，让突触不断受到刺激，这个特定的转录因子就会进入细胞内，找到人类 23 条染色体中的第 19 条，也就是决定人类是否成瘾的这条染色体（图 33–1）。锁定这条染色体之后，这个转录因子会造成什么样的后果呢？诸如吸食柯碱成瘾的大脑，它的代谢会变得低下，与正常大脑有明显差异。

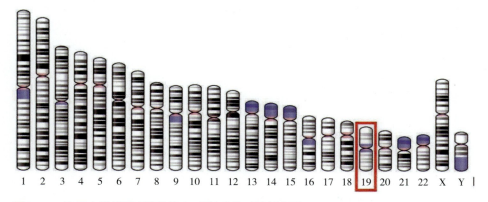

图 33–1 决定人类是否成瘾的第 19 条染色体（资料来源：Public Domain/Ideogram human chromosome Y.svg/NIH/USA）

那么究竟接触外界致瘾事物到什么程度，会使身体产生这种变化呢？首先，在环境上要做到不停地刺激，使人的心理形成依赖性。我们从小到大，身体处在一种复杂的化学环境里，各种药物、食物及年龄的变化，都会造成染色体伸展开来。环境中的转录因子，就会趁机造成染色体的改变。

染色体中有一个结构叫作组织蛋白，简称组蛋白，英文为 Histone。我们熟悉的 DNA 链像链条环绕齿轮一样，附着在组蛋白上面。和齿轮形态不一样的是，组蛋白有一个尾巴暴露在外面。在人类伸展开 DNA 制作日常所需的正常蛋白质时，外来的癌症、糖尿病等疾病的致病物质，就会被组蛋白的尾巴捕捉到。上瘾的过程与此相似，影响因子被组蛋白这条尾巴钩住，进入我们的基因，使我们对某件事物上瘾（图 33-2）。

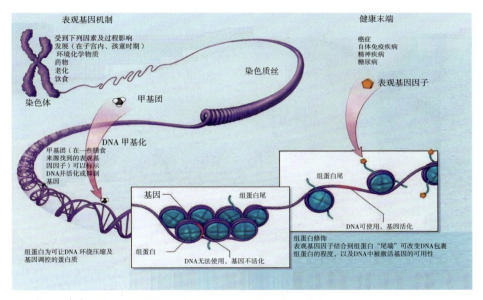

图 33-2　染色体中组蛋白的尾巴钩住致癌影响因子（资料来源：Public Domain/Epigenectic/FedGov/USA）

图 33-3 就是一个神经元生出来的一个突触，它是要跟下一个神经元联系的。左下角深绿色块是多巴胺。一般注射吗啡后，人体会产生多巴胺，从一个神经元，经过突触传到另外一个神经元，继续再传到下一个。

在每个神经元中间，多巴胺产生的化学影响都要通过突触，然后进入神经元的细胞，找到细胞核中的 DNA，命令 DNA 生产转录因子蛋白质 FosB。在图 33-3 中，右边两个重叠长方型上面的那个长方块，就代表

DNA 命令生产上瘾的转录因子 FosB，而生产出的转录因子 FosB，再回去刺激 DNA 发生永久性的改变，把制造这种上瘾转录因子变成常态。如果多巴胺不停地刺激突触，让每一个神经元细胞 DNA 的第 19 对染色体都进行这种转录因子蛋白质生产工作。第 19 对染色体中，有 5860 万个碱基对，其中有关转录因子的有 7184 对。这些碱基对被命令不停地产生转录因子的蛋白质。生成的蛋白质达到一定浓度的话，就由量变发生质变，使人上瘾。

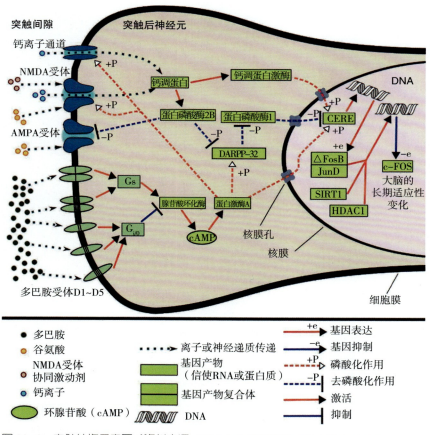

图 33-3　突触结构示意图（资料来源：Wikipedia/FOSB/Creative Commons Attribution 4.0 International license）

因此，上瘾的生物学基础，就是神经反射的概念。外界不管有什么刺激来，刺激的结果都是通过突触，由一个神经元传到另外一个神经元。比如，我们手指碰到热的东西，会下意识弹开，是因为大脑发出了赶快离开危险的指令。这个指令就是热带来的疼痛，而我们对这个疼痛感觉是怎么来的？就是神经反射的作用。在这个过程中，两个神经元可能相隔距离达到 1 米，突触传播完全靠静电环境中的化学作用，反应速度一般在百毫秒级。第 19 对染色体上 DNA 发生的变化，可能只是使人上瘾的一种途径。目前的研究将视野放到了全部 23 对染色体上，大规模搜索它们对上瘾的影响。

总而言之，沉迷上瘾的事物，带来的快感是一种奖励，过度暴露在奖励的环境里，会使身体的转录因子增加。这种增加，就会产生质变，导致上瘾。此外，是否上瘾，有 40% ~ 60% 取决于基因。我们人体有 40% ~ 50% 的转录因子是遗传来的。同卵双胞胎的基因都是相同的，科学家曾经针对几对同卵双胞胎做过一项跟踪实验。经过长久观察发现，不管他们生活的环境差别有多大，如果一对双胞胎其中一方染上了毒瘾，那么另一方基本上也会染上，甚至连上瘾的毒品种类都一样。这证明了，一个人是否上瘾，并不完全由自己控制。

34 测温枪的原理

我每次进海关经过安检区时，那里都安有一个测温枪，瞄准每个人的额头部位，测量大家的体温。

测温枪的原理和黑体辐射有关，它是 19 世纪人类攻克的重要物理难题。在 20 世纪第一个 25 年，攻关的是相对论和量子力学。今天，人类仍需要攻克的难题，是暗物质、暗能量。

因为黑体辐射的结果，造就了量子力学的现世。想要解释黑体辐射，我们就要引入光这个概念。光对物体有反射、穿透、吸收三种反应，如果物体材质比较特殊，没有反射和穿透，光就会被完全吸收。

而能够完全吸收光的物质，因无反射，看起来就一片黑暗，我们就管它叫黑体。

◎ 黑体的概念

对于黑体而言，光一进来，物体就把光吸收了，对光没有反射，并且光也没办法穿透物体。因为一个物体到最后跟环境总是形成一种平衡，这个物体把光全部吸收进来的同时，也要辐射出去，吸收和辐射的量是相等的。换言之，光被吸收进来后，物体能量就会增加，就会发热，需要进行热辐射散热出去。而这部分辐射的能量就是黑体辐射。

一般在实验室做黑体很简单，虽然我们做一个表面不反射、不穿透的物体并不是那么容易，但我们可以找窍门。像图 34-1 中这样的结构，就是一个物理上的理想黑体。一个中空的容器只开一个小洞，光一进去就在容器里面反射来反射去，找不到小洞再射出去，这样的结构就是黑体。科研工作者，量小洞里面的温度，找出它光谱的强度跟温度之间的关系，就可以得出实验的结论。而此时，我们的光是一个固定的波长，如果把波长变长又会怎么样呢？光有红橙黄绿蓝靛紫，还有紫外线和红外线，波长范围很广。

如果射入盒子的光波长比容器小，那没有问题，可以一直吸收进来。如果现在光波长比这个容器的宽度要大，那怎么办？就像我有个房子，要拿一根木棍进来，如果木棍比较短的话，我可以拿进门！但如果木棍长度和房子长度同样大，那就要费一番力气才能拿进来。如果木棍长度达到了房子长度的 2 倍，那房子就根本装不下这根木棍了。

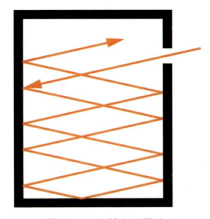

图 34-1　实验室的黑体

　　所以大家对黑体研究的第一个关注点是，如果光的波长很长，黑体盒子就吸收不进来，那么黑体的放射出来的那部分能量，就会相应减少。那么，如果波长越来越短，黑体盒子是不是可以无限地把光收集进来？要解决这个问题，我们需要看下面这张图。这个曲线叫黑体辐射的光谱，一边是它的能量，一边是它的波长。曲线上的单位 K 是绝对温度，如 300K 是室温红线，标示 5777K 的黄线代表的是太阳表面温度。图 34-2 的横坐标为波长，彩虹区域就是可见光，坐标愈往左边，波长就愈短，愈往右边波长就愈长。可以看出，按照我们刚才的推论，波长愈来愈长的话，黑体收不进来了，那么它的能量会愈来愈低，收不进来哪个波长的能量，就辐射不出去哪个波长的能量，所以横坐标右边波长增加后，所有的线都开始往下跌。

◎ 研究黑体辐射的意义

波长越短，能量应该越高，也就是说越往左，所有曲线应该越来越高，但我们观测到的并非如此，所有线在左侧都向下弯曲了，并且有一个最高的点。

这个问题就是 19 世纪科学家研究黑体辐射的意义。如果曲线按照我们设想的愈往左侧愈高，紫外线的温度随波长减少无限升高的话，就会造成紫外线灾难。至于为什么波长短到一定程度，能量反而会降低这个问题，就是量子力学的开始。按照量子力学，在有高能量存在的这种光波，物以稀为贵，人类也很难捕获。于是虽然能量高，但是你找不到几个，总能量自然就弱下来了。像我们宇宙中的任何事情，能量高的一定是很难找得到的，高能量粒子因为能量太高，在宇宙中是非常稀有的，这就是黑体辐射和量子力学诞生的关系。

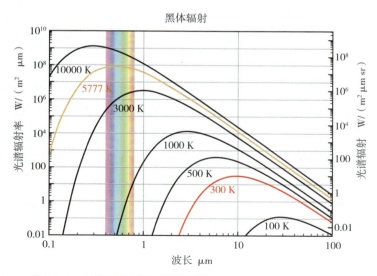

图 34-2　黑体辐射光谱（资料来源：wikipedia / public Domain）

◎ 黑体辐射与测温枪

我们知道把这张图完全画出来以后，放诸宇宙，任何地方皆准，每一个温度都有一个固定的曲线，所以通过对照图表，我们可以知道在任意一个温度，它能放出来多少的能量！反之，我如果有每个波长的能量强度，我也就知道发出这些光波的物体温度了。

这就是测温枪的原理。常见的测温枪都有一定的波段，不可能像激光一样只是一个波长。根据这个波段，可以画出对应的曲线，这个曲线的峰值刚好为所测之人的体温。

35 温室效应

2008—2018 年，全球的平均温度比 1850—1900 年工业革命前的平均温度只高了 0.93℃，但有一些天气预测的计算机模拟的升高温度，是在 1.5 ~ 4.5℃。

世界上几乎所有国家都签署了《巴黎协议》，大家一起约定：将人为全球变暖的温度控制在 2℃ 以内。但是，《巴黎协议》中的资料研究表明，直至 2050 年，甚至更近的 2030 年，我们很难把人为升高的温度控制在 2℃ 以内。全球气候变暖会引发很多极其恶劣的灾难。比如，南北极的冰和高纬度的冰川融化，会造成海平面上升。海平面只要略微升高，很多人居住的地方就有被淹没的可能。很多人会流离失所，贫富差距可能进一步增大。如此下去，人类未来文明的发展都可能受到影响和威胁。

下面我们就讨论一下温室效应的情况。

◎ 温室效应的现状

夏威夷岛是世界上最主要的测量二氧化碳浓度的地点，2013 年的测量数据显示，地球空气中的二氧化碳占比已经达到了 400ppm（百万分之一，part per million）。换言之，二氧化碳的含量已达到了地球大气成分的 0.04%，这已经非常高了，是过去 80 万年以来最高的数字。

大家可能纳闷儿，80 万年前的数据，我们如何得知呢？

其实，地球气候变迁的一些数据，很多都锁在地层中。比如南极的冰层，你可以一点点挖下去。因为它是一年一年堆上来的，一年至少有几厘米。在某一年火山爆发、灰尘比较多、碳烧得比较多，这些都会在过去古老的冰层里留下蛛丝马迹。科学家每年都会用设备钻入南极冰下，取出一段段古老的冰芯进行分析，如此，就能了解过去几万年、几十万年的气候温度和大气成分的变迁等。

目前预测 2100 年的全球温度，将会比《巴黎协议》中的温度提高 4℃。不过我个人是不太愿意使用这类的数据预测，原因是这类预测来自计算机气候模型计算。因为大气中气溶胶和云量的不确定性，在计算机上使用不同的输入成分数字，就能导致有多个不同的计算预测。结果呢，就变成公说公有理、婆说婆有理的口水战局面。

不过，我们可以确定的一点是，从 1900 年之后，全球的温度增长绝对不是一个自然正常增长的情况，因它与人为的工业革命启动事件息息相关。

◎ 温室效应的形成

温室效应的形成，其实涉及很多问题。目前，相关的资料也非常多。

我们都知道，温室效应是由温室气体的增加造成的，其中就包括二氧化碳、甲烷、一氧化二氮，以及一些卤素（氟、氯、溴、碘、砹）气体，其中，就有我们熟知的，在南极洲上空，闯大祸凿了个臭氧大洞的氯氟烃，通称为氟利昂的气体。

当然，二氧化碳是其中主要的温室气体。目前大气中的二氧化碳，有65%是由煤炭、汽油燃烧来的，16%是由煤气燃烧来的，11%是由土地使用来的，剩余的包括人类呼吸、微生物发酵等。除此之外，还有一个很有趣的资料。人类饲养的一些肉食来源的反刍类动物，如牛和羊，有四个胃，它们释放的甲烷，居然达到了全球甲烷的20%。

◎ 温室效应的后果

目前我们提到最多的温室效应的后果，还是海平面上升和全球气温变暖。如此，地球两极的环境受到了极大的影响，北极冰和冰川的融化，让北极熊"流离失所"。即便如此，目前很多人的意识仍停留在"这些和我没有关系"的层面，这是极其错误的想法。当全球温度升高到一定程度后，地球将会发生"不可逆"的改变。

我们可以参考现在的金星：金星这个星球，外面有一层厚厚的温室大气把它包住，所有日光能只进不出，这就让它以前可能有的海洋、森林等，全部毁灭掉了。金星就是一个典型的、已经失控的、被温室效应毁灭掉的星球（图35-1）。那么，我们地球会不会也有那么一天呢？当然会！不可逆的温室效应可能发生在临界增温5℃、6℃、7℃……一旦增温达到那样的温度，地球上所有生态可能全都玩完了。届时，整个地球上人类的文明就会灰飞烟灭。

所以，目前的有志之士都在密切关心着温室效应的情况。由于有关温室效应的深度问题太过于复杂，我们在此就点到为止了。

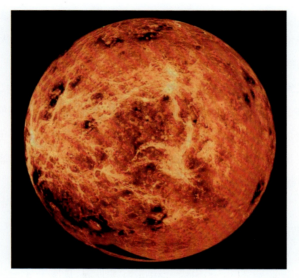

图 35-1　被温室效应毁灭的金星（资料来源：NASA/JPL）

　　作为地球上的一员，我们每个人都该密切关注全球气候的变化，并为之做出一定的贡献。比如注意物质回收使用，养成随手关灯的好习惯，短途可以走路骑车，多使用大众运输工具，即多做节能减排活动等。不要让人类几万年的文明毁于我们这一代。

 地球究竟能承载多少人口？

　　人类在发展过程中，确实很少考虑到地球的感受。地球的陆地面积就那么大，人类如果无限制的增长下去，仅从陆地面积来看，也会有一个极

限。所以，人类确实应该考虑，在地球上生存的人口极限问题了。

关于地球可以负担多少人口，我们可以从很多方面去理解、探讨。目前，世界科学对此还没有完全定论，我就把我的看法和大家分享一下。

◎ 世界人口的发展趋势

图 36-1 是联合国提供的一个数据图，其实，在 1800 年地球人口仅有 10 亿出头，但我们可以看到一个明显的拐点，是在 1950 年往后，第二次世界大战结束，大家都回到了发展的轨道上。这时候，人口开始飞速增长。在 2015 年，研究人口的专家，对世界人口的发展趋势做出了判断，也就是图片的虚线部分。他们认为，人口未来有几种发展趋势，一种是继续快速上升，另一种是趋于平稳，还有一种是增长后减少。

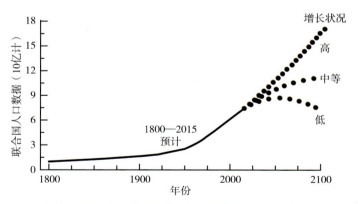

图 36-1　联合国人口资料图（资料来源：United Nations）

再来看图 36-2。这张图表示了随着时间的变化，当代妇女一生平均生育多少个孩子。可以看出，目前生育的情况相较于 50 年前，已经大幅放缓，中美的数值在 1~2。

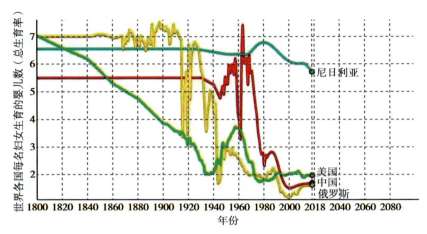

图 36-2 当代妇女一生平均生育孩子的数目（资料来源：United Nations）

我想根据图表来看，地球人数肯定还会增长，但应属于增速变慢的情况。

◎ 人类数目的上限如何决定

很好理解的是：人类在地球上数目的极限，一定不仅由地球的承重决定，这其中的因素就很复杂了。

首先，要看我们能生产出多少粮食。这一部分依赖科技的发展，比如袁隆平的杂交水稻，它养活了上亿人，未来的新品种，可能培育更快，粮食的产量就又能满足一部分人的需求。其次，必须要有清洁的水源。如果在现有情况下，大范围的淡水被污染，那么地球人口一定会急剧下降，人类对于水的需求甚至大过食物，且水对于人类的限制会比食物具体展现得更快。再有，适合居住的环境。我们曾经提到全球变暖，冰川融化，它使得海平面上升，就会让许多陆地淹没。在这样的情况下，不仅人类原有的生存环境被破坏，像北极熊这种动物没有地方可以居住，也可能会跑到人类的地盘上来，或就此灭绝。无论如何，人类数目的上限一定会被削减。

最后，就是人的生存要求。世界各地都存在贫富差距，地球承载人口的极限，也要看它究竟承载什么样的人。地球上好的地方被富裕的人占据，恶劣的地方让贫穷的人去繁衍扩散。对地球来说，肯定是穷人易养，富人难缠。地球最终人口的分配，必然是难缠者少，易养者多。

◎ 改变地球和增长人口

都说人要与自然和谐相处，在地球上，人类即便仅仅是吃吃喝喝，不主动伤害地球，对人类的生存环境来说也是一个巨大负担。加上工业生产、日常生活产生许多废物，主掌大自然的地球，能力巨大，可能无所谓，但对非常脆弱的人类，就会有严重的报应。

不过，人类也正在尝试开发地球，让地球能够承载更多的人口。我们开垦荒地，为不那么密集的地区增加一些人口密度，其实就可以增加地球人口承载的上限。

如只为增加的人口找些粮食，在我们不伤害地球的前提下，通过研究改良一些土质，使其更适合粮食生产，似乎是可行之道。但这个观点，环保团体绝不会妥协，必然反对到底。但是，大家可千万不要觉得科技可以改变一切。地球对于人类的承载量其实并没有那么乐观。世界科学组织曾综合了上述的"足够的粮食""清洁的水源""适合居住的环境"等因素，推导出一个地球承载人口的公式。早在 1999 年，地球人口，其实已经超过了可负担人口的 20%，在 2016 年，地球人口已经超过了地球可负担人口的 70%，远远超过了计算出来的标准。所以，我们现在需要"一个半"地球，形势不容乐观。

我认为地球人口的上限，即人类把所有需要的地球资源全都挤榨出来承载人类，大概就是 160 亿人。而我想，就目前情况来看，地球人口达到 100 亿就很危险了。人类要有一个重要的概念，即人类需要地球，但地球一点儿都不需要人类。人类只是地球上曾经存在过的上亿个物种之一的匆匆

过客。人类出现，人类灭绝，地球其实毫无兴趣，完全不需理会。和人力相比，地球力大无穷。人类只能摧毁人类自己所需要的生存环境。总有一天，人类会从地球上永远消失。没有人类的地球，还会继续存在数十亿年。反而我们人类，应该珍惜我们在地球生存的分分秒秒，尽心善待给我们生存条件的地球，感恩地球母亲给人类的厚爱。

37　能源三问

人类目前使用最多的能源是自然化石燃料，也被称为化石石油，包括煤炭、狭义的石油和天然气等，占全部能源的 80% 左右。2013 年世界各类能源消耗比例如图 37-1 所示。化石石油是大自然上亿年的生物循环形成的，理论上来说，是可以无限供应的。

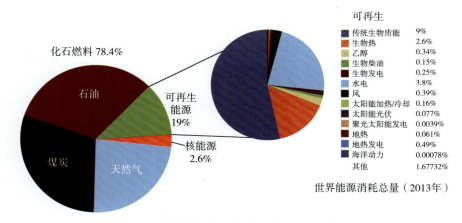

图 37-1　2013 年世界各类能源消耗比例（资料来源：United Nations）

◎ 石油对我们为什么这么重要

石油之所以会发生短缺，大都是人为的因素。人类使用石油当然更是不遗余力地损伤地球。其实人类损伤地球，对我行我素的地球本身不会造成伤害，伤害的主要是我们自身的生活环境。我们人类的生存，一定要在一个适合的环境，因为人需要有个温暖的环境，需要吃东西，对环境的要求比较苛刻。而地球对此根本无所谓，它并不在意自己有没有大气、有没有温度，这对地球的存在无足轻重，完全无关。

因为科技的进步，我们对地球的索取越来越多。原始人烧点柴火就可以了，而现在，我们的汽车、飞机、潜水艇等各种设备需要的燃料都不尽相同，且消耗巨大，以煤炭、石油和天然气为主。这些化石燃料是地球馈赠给我们，而我们也能够利用的能源。随着科技的进步，人类从地球可以获取到更多的自然能源。我们大概还需要 50 年，可以达到高效利用氘、氚、氦 –3 等融合核能的下一个阶段。如果这一步可以实现，人类千秋万载的能源需求都能解决。

目前人类唯一能够控制的能源是可再生能源，一般由生物形成。其中最重要的组成部分是植物，比如玉米，我们可以把它制作成酒精、玉米油，按比例混合在一起能够变成燃料，甚至可以带动汽车运行。除此之外，还有水力发电、太阳电池、风力发电等。但对于这些再生能源，我们利用的效率和程度都比较低，因此目前人类主要还是依赖传统的石油、煤炭等能源，因为比较起来，它的价格更便宜。

◎ 石油什么时候会被用光

地球上的石油什么时候会被用光呢？这就要看科学技术的进步了。地球本身是个大资源库，现在的科技可以从油页岩中榨取石油，几乎又给予人类可用上百年的能源。人类能从地球再挤出多少石油，和我们的科技发

展有密切关系。

20 世纪 70 年代我们就在问，地下的石油什么时候会用光？现在大家还是一样在问。按照今天的数据，我估计可能在 2030 年，石油的产量就到达顶端了。但地球实在是太大了，只要再发现任何一个地下油田，那么有可能供人类再用 100 年。很多人担忧，万一石油真的被开采枯竭，有没有别的能源来替代？太阳能就是很好的替代品，太阳能对我们人类而言，可供应全人类每天所需能量的上万倍有余，几乎是无限的。

而困扰我们的问题，主要是如何将这些太阳能为我们所用（图 37-2）。现在人类利用太阳能主要有两种途径。

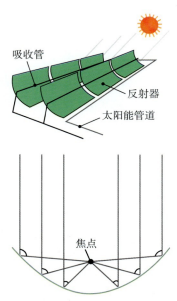

图 37-2 日光能量是无穷的（资料来源：Wikipedia/Creative Commons Attribution-Share Alike 3.0 Unported）

第一种是借助半导体利用太阳能，即光子，把电子由低的地方"踢"到高的地方，然后再让它掉下来，这样电子就可以转化为电能，即太阳能电池板的工作原理。第二种是反光板反射，用反光将阳光集中在中间区域，区域内放置有水流的水管，把水加热变成蒸汽来发电，也是转化为电能。

因为利用效率不高，太阳能的两种发电形式加起来转化的能源总量，占人类目前使用能源的 1% 都不到。

其他像风力、水力这些可再生能源，也可以增加些能源量。除此之外，还有生物能源，比如玉米秆、高粱秆，以及草原上的牛粪、羊粪，都是很重要的生物燃料。

人类目前要研究的方向，是怎样来加强可再生能源的利用效率。未来人类科技发展到一定瓶颈，再也无法获得更多的化石燃料时，或是进一步的能源使用行为，会对人类的居住环境带来巨大伤害的时候（比如温室效应程度已经达到无法掌控的地步），我们就必须将目光转向可再生能源。

人类对资源的需求与日俱增，2020 年需要的能源与 2013 年相比，大概多出 1.4 倍。图 37-3 是 2000 年前后 50 年人类对不同能源的需求情况，可以看出，风能和太阳能是未来发展的主力能源，地热和生物质能也具有相当大的潜力。太阳能和风能不需要人类开采，它们直接照射或拂过地球表

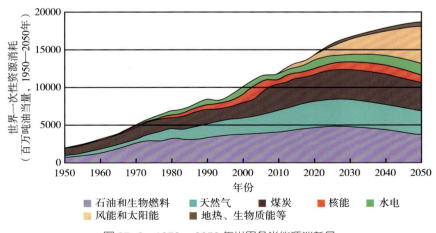

图 37-3　1950—2050 年世界各类能源消耗量

面，相对容易获取。但它们的能量浓度和密度比较低，需要占用很大的地面空间，来铺设太阳能电池或风力发电设备，在一定程度上会影响人类和其他动植物的生存，目前仍然是值得进一步研究的课题。

地球最小的生命有多小，细菌、病毒哪个先出现？一起来看微生物的秘密

火星来的 ALH84001 陨石被锯开后，科学家用百万倍电子显微镜观察，发现了类似地球的细菌生命（图 38-1）。但相较于地球的细菌生命，ALH84001 中疑似的细菌生命体积就小得太多了。这一发现公布后，引起了不小的轰动，连当时的美国总统都十分关注。其中，大家关注的重要一点，就是火星陨石中疑似的细菌生命体积超小，不足地球最小细菌生命的 1%。

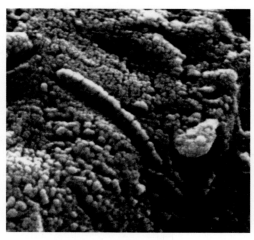

图 38-1　火星陨石 ALH84001 中疑似的细菌生命（资料来源：NASA）

显微镜找到的火星陨石 ALH84001 中的疑似细菌化石，长约 200 纳米，宽约 20 纳米。

◎ 地球最小细菌生命，理论上能到多小？

地球上最小的细菌生命，从理论上推算，能小到多小？这本身是一个很有趣的问题，伴随着 ALH84001 的火星疑似细菌的发现，这个问题，又被推上了风口浪尖。

当时，美国国家航空航天局找到了美国最顶尖的生命科学研究专家，提出了三个问题：第一，以地球人类所认知的生物化学、生物物理机制来看，地球上能观察到的最小细菌生命有多小？第二，在外层空间，如果不受地球的生物物理／化学限制，细菌生命又能小到什么程度？第三，人类如何能够认识与地球生命形式完全不同的外层空间古老生命？然而，第二个和第三个问题，专家们会无法达成共识，至今没有答案，但对第一个问题，他们通过对地球上较为简单的细菌生命的研究，得出了答案，而这个研究的起始点就是我们熟悉的大肠杆菌。

通过显微镜观察，大肠杆菌的长宽分别为 2000 纳米、1000 纳米，相较于发现的火星疑似细菌，大肠杆菌的体积是它的上万倍有余。大肠杆菌中共有 4288 种蛋白质，以及 1200 种基因，且生命力比较强。生命力强，表示的是大肠杆菌中的一些蛋白质、基因，虽然种类不同，但起到的功能相同，可在生存环境变为恶劣时，互补有无，增加存活机会。就好比一辆汽车有 4 个轮胎，加上一个备胎，相较于没有备胎的车，就能开更远的路程，应付更艰险的路况。

之后，科学家就对大肠杆菌的基因与蛋白质，进行理论上的删减。删减的原则是，去除所有的"备胎"，保证大肠杆菌能复制存活即可。每个必要的蛋白质仅有一份，这种情况下的细菌生命，应是理论上体积最小的细菌了。

在不断的研究过程中，科学家发现了霉浆菌，大小约是大肠杆菌的 1%，可能是地球上最小的细菌，它几乎没有自理能力。即没有任何备份的基因或蛋白质，而它的体积还是比 ALH84001 中疑似的火星细菌体积大上 100 倍。

◎ 病毒是生命吗？

有人好奇，会问：病毒的体积会更小呀？相较于细菌，地球上的病毒体积的确更小。但病毒不是生命，它只是个"东西"。病毒与细菌都是微小的个体，它们的出现孰先孰后呢？

其实，答案显而易见，即细菌先出现，过滤性病毒才出现。能够在地球上存在的生物，应有自给自足的能力，包括找到养分、消化、排泄，当这套流程跑通后，细菌才会考虑演化，让自己过得更好。而病毒并不具备"自给自足"的能力，它是一种生命的"片段"，必须要依附在某种环境中，通过环境汲取养分。病毒的特点，就在于它能够通过自主的基因片段，影响寄生环境的基因片段。

由此可见，细菌先出现，过滤性病毒后出现。而由于病毒可以改变生命的环境，使生命基因突变，因此病毒也是促进生命进步、演化的重要元素。但太激进的病毒，有时会破坏宿主的生命机能，则病毒也就跟着一起灭亡。病毒的本意也是为存活而传染奔波，但自然界生存演化难料。病毒和人类持久的斗争，也可能有一次一不小心，就两败俱伤。这也是人类物种灭绝的一种可能模式。

回到正题。研究了霉浆菌这种地球上最小的细菌后，科学家就继续考虑尝试组成更小的细菌。即让不同的细菌有共享的基因和蛋白质，以此来继续缩小细菌体积，最终，通过研究得出的地球上最小的细菌生命，为 250～400 个基因，直径为 250～300 纳米，体积还是比火星陨石 ALH84001 中的疑似细菌生命大上数百倍。

在澳大利亚西海岸海床 5 千米下，曾发现过接近 ALH84001 中疑似生命化石体积的纳米细菌。这类纳米细菌因体积太小，生长机制已很难与非生命的晶体生长区别。这就是目前地球生物化学、生物物理机制下，能够发现的最小的疑似生命。

39 未来的新型计算机

不知道大家有没有听说过"摩尔定律"（Moore's law），它是一个随着时间推移，计算机储存量会成倍增长的定律，目前还没有被打破。这条定律的细则我们下面再说，先来说说计算机的发展。

20 世纪 30—40 年代，计算机还以真空管为逻辑计算单元，真空管占用的空间非常大。到后面有了半导体，出现了集成电路，空间就小得多了。我们考虑计算机的重点，主要是储存量。而摩尔定律就说，按照计算机的发展，计算机的储存量每约 18 个月增加一倍。过去 40 多年一直到现在，计算机的储存量还在继续增加，且都符合摩尔定律。但我们其实也在想，摩尔定律会不会有一天碰到极限呢？我们说会，那就是测不准原理的极限，量子的极限。

◎ 计算机的"位"在增长

传统的计算机，是用传统的物理来设计的，它遵循非量子的传统物理规律。

计算机存在一个"内存"，它可以开也可以关。我们默认它开的时候是 1，关的时候是 0，是用"位"来看的，"位"即半导体的开关。曾经，我们发展计算机数学，就是基于位的 0 与 1。计算机的位越大，计算能力也就越强。中国的"神威·太湖之光"超级计算机，现在的计算能力居世界首位，1 分钟的计算量相当于 72 亿人算 32 年。

目前，我们用超级计算机，能算到圆周率小数点后的 62.8 万亿位，这说明什么问题？假如我们发现了外层空间文明，不需要了解太多，就能估计这个外层空间文明和人类文明的对比：只要告诉我们他们能算到圆周率小数点后多少位就可以了。计算能力是一种科技实力的体现。不过，无论如何，即便是 62.8 万亿位，它也只是构建在传统物理的基础上。

◎ 传统规矩与量子规矩

我们回想一下之前的波义耳定律——$PV=nRT$，分子在一个密封的气球中到处跑，从统计力学运算的结果是：分子可以把气球撑起来，并且给出一个压力，这就是传统力学的结果。但是量子力学就不一样了，在量子力学的情况下，所有的气体可以缩成体积极小的量子凝态。因此我们知道，量子的规矩和传统的规矩不一样。

所以我们回到之前所说的，传统计算机遵循传统物理的规律，它碰到的极限，也就是传统科学的极限。而传统科学的极限，就是把一个东西无限缩小，小到测不准原理出现，无法再变小（再变小后，位置、速度、时间和能量等参数都无法精确测量）。

◎ 传统到量子的分界线

我们知道，到中子大小，即 10^{-15} 米，量子力学一定进来了。而到原子的大小，是 10^{-10} 米。目前，我们在显微镜下看到一个原子已经很困难了，所以，传统物理的极限应当是在原子大小（10^{-10} 米）与中子大小（10^{-15} 米）之间。

到这里，就碰到了量子力学测不准原理的极限，不能再小了。不过，现在有一种东西叫石墨烯，石墨是碳的结晶，把石墨剥开单——层，就叫石墨烯，它就是单层碳原子的晶体结构。

我认为，石墨烯可能是传统科学的极限，它的原子组织，如果我们可以把每一个原子当成一个"记忆的单位"，可能它就是传统计算机的极限。由此为基础，计算机的储存量还可以再增加，但是看来也快到头了，大概在不久的将来，就可能碰到传统计算机的极限了。

所以现在，量子计算机已经被安排到"科学计划"的日程上了。目前，已经有专家开始用量子作为基础来研究了，即以 10^{-35} 米作为基础单位，这与传统计算机的 10^{-10} 米中间差了 25 个零，也就是说，量子计算机的储存量可能比现在的计算机多出 10^{25} 倍。如果储存单位以面积来估计，则这个比值可大到 10^{50} 倍。此外，本文未触及量子的开关问题。其实量子的开关，比传统的 0 和 1 的逻辑复杂得多。如果摩尔定律永远生效，那么量子计算机还够我们"玩"上 100 年，到时候再看如何突破量子的极限吧！

火星探测

火星是太阳系最像地球的星球，人类对火星情有独钟。火星湛亮，顺行逆行诡诈，是两千年来中国皇权占星的主体。

　　通过人类多年对火星的研究，发现了火星上有水的痕迹，这说明火星可以给人类提供生存的环境。

　　然而，登陆火星与登陆月球虽然听起来差不多，都是脱离地球到太空中，但月球与地球的距离，与火星与地球的距离相差甚远。地球到月球的距离是 38 万千米，地球到火星的近距离约为 5500 万千米，最远距离则超过 4 亿千米。如此差距，不禁让人感慨登陆火星之困难。不过 2021 年"天问一号"登陆火星，属实是中国宇宙探索的重大突破，让中国的火星探测水平有了质的飞跃。

　　本章内容，从古往今来人类对火星的认知切入，然后以近代智能机器人火星任务的突破性成就为主轴，讨论探测火星的拜访，追寻火星生命的努力，以及人类登陆火星势在必行的策略和移民火星的幻想，为大家揭开火星的神秘面纱。

40 火星到底有多少名字？

人类的老祖宗，无论是在沙漠中，还是在洞穴中，夜晚总会遥望天空，看天上的星星。其中，很久以前有人发现，天上有几颗星星是运动的，其他的都不动，是静止的。除了月亮和太阳，水星、金星、火星、木星、土星等行星，也可以被我们看到，因为它们在天上是"动"的。所以，现在去研究是谁发现了火星已经无从考证了，但是我们可以从一些古文化中，找寻有关火星历史记载的蛛丝马迹。

目前可以找到最早的有关火星的记载，应是埃及文化，在公元前 1534 年。相较于其他星球，人类对火星更加重视，这还是要追溯到火星逆行。

◎ 火星逆行

木星、土星都会有逆行的情况，但火星的逆行和它们不太一样。木星、土星的逆行规模小、时间短，但火星逆行的动作大，并且时间长，可达 45 天之久。因此在人类老祖宗眼里，无论是在古埃及文化、古巴比伦文化，或是在中国历史上，这都被视为不祥的征兆。

人们认为，火星暗的时候就比较温和，但在火星相对较亮的时候，不祥的寓意更甚。例如，古巴比伦文化将黑死病之神纳加与火星挂钩，而中国将火星逆行视为当朝君主做错事，或是人类有违"天命"。

◎ 火星的各种名字

由此，各种古文化均为这颗不祥之星起了各种各样的名字。如古埃及人称为"红色之星",古巴比伦人称为"死亡之星",而古希腊人结合他们的文化,为火星取名阿瑞斯(ARES),即古希腊中战神的名字。如今,战神是一个很酷的称谓,让人联想到威猛。但在古文化中,人们并不这么认为。

以战神阿瑞斯为例,在希腊神话中,他的"神缘"特别不好,没有人与他亲近,因为他总是易怒,喜欢用武力解决问题。换个角度想,易怒这一特点,其实和火星不定期的逆行有些相似。当然,有贬低就有认同和赞扬。古罗马人就十分敬仰火星,同样以罗马神话中的战神马斯(MARS)为其取名。同样是战神,罗马的战神与希腊战神的地位就相差太多了。马斯骁勇善战,是罗马人供奉的对象。罗马城中"狼喂孩子"的雕像,其中两个孩子的父亲就是马斯,由此足见马斯在古罗马人心中的地位。龙的传人的祖先称火星为"荧惑",因其荧荧像火,且亮度常有变化,顺行逆行诡诈,有眩惑之意。

从各国取名的情况来看,虽然对火星的讨厌大过赞扬,但都证明了各文明中的人对其的重视。

◎ 不祥的极致——荧惑守心

如说中国文化中火星的不祥之兆,当属荧惑守心。荧惑守心是一种特殊的天文现象,它需要满足两个条件才会显现。

第一,即地球与火星处于"冲"的位置,即是火星与地球在绕着太阳运动时,达到的最近的位置。此外,有一种冲的特殊情况叫"大冲"。火星的轨道为椭圆形,当火星、太阳、地球在同一条直线上,且火星处于近日点时,这种状况即为大冲。在大冲的情况下,火星距离地球可近到5500万千米。

第二,即火星绕着心星逆行。心星全名为心宿二,是天蝎座中最亮的阿尔法星,也是全天上第15颗亮星。当火星绕着心星逆行时,在地球上观测火星,火星因与地球在冲甚至是大冲的位置,火星湛亮。古人认为,火星最亮时是最不祥的征兆。

这两者结合在一起，即是荧惑守心。据记载，历史上中国一共出现过
23 次荧惑守心，每次出现这种状况，古人都认为其昭示着改朝换代。

"天问一号"背后，还有一段令人唏嘘的古代史

41

由此，中国将"老祖宗"的文学作品作为火星探测任务的名称，既带
有中华传统文化的浪漫，又带着中华民族几千年前为问而问，对真理的不
懈追求，意义非凡。

下面，我们就从宇宙探测器的命名说起，聊聊世界对探索宇宙的期望。

◎ 各国探测器的命名

一般而言，如探测任务是前往某星球，就可以用星球的名字直接命名，
比如探测金星的探测器，有"金星 1 号""金星 2 号"，一直到"金星 10 号"。

并且，还有为纪念推动宇宙探测发展的科学家而起名的探测器，如土星探
测器"卡西尼·惠更斯号"、木星探测器"伽利略号"，即是以科学家命名的。

此外，有些探测器则被赋予了一定的意义。以火星探测器为例，美国
的火星探测器名为"凤凰"（PHOENIX），即不死鸟。在中国的神话故事中，
凤凰浴火重生，也与火有关，带有美好的寓意。

中国探测器的取名，则一直以来带着"浪漫"的传统文化元素。如
"嫦娥""玉兔""鹊桥"等，均是中国神话中优雅唯美的形象。

从上述探测器起名的情况看，"天问"似乎与历史上各种起名方式都有所不同，这其中加入了一丝文学的气息。但如果追溯这段历史，足够让我们后人为之惋惜。

◎ 古人的求知欲，被皇权湮灭

人类对宇宙的探索，似乎是近代的事，但根据中国的古书记载，许多天体其实早就被发现了。

比如在鲁文公十四年，即公元前613年，就已记载了"秋七月，有星孛入于北斗"，这是有记载的人类发现最早的哈雷彗星。

除此之外，太阳黑子、日食、月食、流星、超新星爆炸的"天关客星"等，中国均保存有大量数据，它们甚至是现代科学的重要参考资料。

这一切均源于中国人祖先的求知欲、探索欲，他们为解答心中的疑惑而探索，只为问而问，别无他求。

然而，中国古代的制度并不允许学者无限制地拓展思维，并且要限制他们的求知欲，因为那样可能会动摇皇室的权威和古代社会稳定的根基。

从秦始皇的"焚书坑儒"，到汉武帝的"罢黜百家、独尊儒术"，均让中国历史上沉淀的各家学说有所消亡。因此，秦汉的学者虽想对未知的自然、宇宙一探究竟，却被皇权现实所击垮。

现在，我们无从考证屈原所说的"自明及晦，所行几里"说的是哪颗星体，最有可能的是太阳，也许是金星、水星、火星。但不可否认的是，屈原已将明晦（白天与黑夜）与星体运动结合了起来。

按照这个思路继续探索下去，中国人很有可能提出"日心说"，甚至得出"荧惑（火星）绕日轨道是椭圆的"等结论，又怎么会落后西洋到数百年后才知晓呢？

说到这里，不免让人为中华民族觉得有些唏嘘惋惜。

42 伽利略与望远镜和火星

人类在很久以前就发现了火星，但一直都仅能靠肉眼观察。打破这一僵局的历史时刻，是"透镜"功能的发现，通过不同种类的"玻璃透镜的组合"，人类可以看到极细微的东西（显微镜），也可以看到很远处的东西（望远镜）。

伽利略正是用望远镜观测火星的第一人，但这对他来说似乎无法定义福祸。这是由于他既因为用望远镜观察火星、金星等星球而闻名，也因观察后支持日心说而被囚禁。

◎ 伽利略与望远镜的故事

许多人以为望远镜是伽利略发明的，其实不然。历史总有些阴差阳错，1608 年，荷兰眼镜商汉斯·利伯希发明了望远镜，但却没有声名远扬。之后，伽利略的妻子从荷兰带回了望远镜（说法不一，有人说伽利略自己制造，有人说伽利略偷窃了利伯希的设计图）。起初，他们还不知道这望远镜能做些什么，后来因威尼斯处于战争的局面，且敌人大多从水上而来，伽利略发现将望远镜放在海边高地上，可观察到 60 千米之外的敌人，比用肉眼看要远约 9 倍，也就更方便军队提早布防、守卫城池。

威尼斯城邦国的议员认为伽利略守城有功，广为宣传"伽利略望远镜"的神奇功能，这才让许多人误以为是伽利略发明了望远镜。其实，当时的伽利略在威尼斯的大学教书，正苦于没拿到终身教授资格，承受妻子巨大的埋怨，但经望远镜的事件一炒作，他立即被升为终身教授，衣食无忧了。

◎ 伽利略基于望远镜的发现

人类有了望远镜这种道具后，第一时间会做什么？我想应是看天上的星星、月亮，而伽利略也不例外，发现望远镜可以观察数倍于肉眼的距离后，他便用望远镜开始观测夜空中最亮的星球——月球。之所以不观测太阳，是因为太阳太过于耀眼，需要补光器，因此他便就近观测月亮，观测了两三个月后，他就开始观测火星。

伽利略观测火星并没有发现很多信息，但他捕捉到了火星会有"阴晴圆缺"。我们常说"月有阴晴圆缺"，因为月亮绕着地球转动，人类可以根据物理解释它的"月相"。

而火星既然和月亮一样，那么证明火星也正在围绕着某个星体转动，伽利略随即推及火星与地球共同绕着太阳转，也就是那时的"日心说"理论。这虽然是很重要的发现，但伽利略对火星的发现也就到此为止了。剩下的伽利略的发现，就是观测月亮、金星的阴晴圆缺了。火星和金星展现出来的阴晴圆缺现象，足以证明它们是围绕着太阳转动的。

◎ 伽利略与火星的结局

最早提出日心说的科学家是哥白尼，他和天主教廷对抗，坚持日心说，但据说，他的太阳中心学说在临终之际才成书问世。之后，丹麦天文学家第谷（1546—1601）在去世前，将所有观测资料交给了自己精选出来的研究继承人开普勒。

开普勒站在哥白尼与第谷两位巨人的肩膀上，开始对天上的星体进行研究。他对日心说深信不疑，并且在前后几十年的研究中，发现了"开普勒新星"，并且再次发现哈雷彗星。

而后，开普勒还有更加令人惊叹的发现！他起初认为所有星球轨道应该都是圆的，这是他的猜测，但基于这个猜测，第谷的数据就是错误的，因此他合理质疑火星的轨道是非圆形的，经过 8 年的计算，他终于得出了"火星轨道是椭圆的"这一结果！不得不说，这个结果虽然正确，却是基于"星球轨道应是圆形的"假设，仍然假设地球轨道是圆形的，竟然相当正确，这是开普勒运气好的部分。最终，开普勒算是粉碎了教廷 1000 多年来"地心说"的错误认知。不仅如此，它让人们意识到了火星的轨道是椭圆的，为日后研究火星提供了很大的帮助。

反观伽利略，由于教廷认为他"宁死不承认日心说是错误的"，便将他软禁了起来。可能在生命的最后关头，伽利略都仍在思考他对火星、金星的观测结果。伽利略认为，地球以动态围绕着太阳转，而不是在宇宙间静止不动让别的星球围绕着它转。临死前，他指着天说："它（地球）是动的！"即便伽利略是对的，历史也不会重来，他的冤屈，直到 1992 年才被梵蒂冈教皇约翰·保罗二世平反。

"地火赛跑"究竟谁赢了？

◎ 火星逆行现象与太阳系

众所周知，水星、金星、地球、火星、木星、土星、天王星、海王星八大行星，由近而远以太阳为中心逆时针运转。就像我们上学时在操场跑圈，地球离太阳比较近，距离为 1 个天文单位（1 个天文单位 ≈1.496 亿千米），地球绕太阳的轨道比较圆，位于内圈。而火星离太阳远，距离约为 1.5 个天文单位，轨道偏椭圆，位于地球外圈。在开普勒生活的年代，望远镜还没有出现，当时无论是地心说还是日心说，都认为行星做匀速圆周运动。但开普勒打破了这一成见，发现了火星沿椭圆轨道绕太阳运行，太阳处于两焦点之一的位置，即开普勒第一定律。

为什么没有望远镜，开普勒也可以得出这种结论呢？因为火星是我们地球的外圈近邻，肉眼就可以观测到火星运动的部分特征。而虽然金星也是我们的近邻，但它比地球离太阳更近，位于内圈，只在地球凌晨和黄昏的夜空中出现，观测较不方便。

我们暂且把地球和其他行星的位置关系，模拟成行星地球和卫星月球的位置关系。当月球在离太阳远的位置时，由于正对太阳这个光源，我们看到的月亮就是一轮满月，十分便于观测。当月球在离太阳近的位置时，我们就只能在大白天才能看到月亮的踪影。当月球处于二者中间的位置时，我们能看到它月牙形态的身影。火星的观测情况也是如此，它在与地球发生位置相对变化的时候，也会产生类似满月、新月的形态变化。由于它是地球外圈最近的行星，非常便于我们从地球上观测。在观测过程中我们发现，原本和地球沿着同样方向围绕太阳旋转的火星，突然向后"逆行"。这一现象在科学尚未成熟的年代，引发了很多恐慌和阴谋论。

◎ 火星逆行现象与日心说

这一问题最终到日心说提出后才得以解决，只有把太阳看作太阳系的中心，火星逆行的现象才变得顺理成章。

就像我们在操场跑圈，地球和火星分别在内外圈绕着太阳转。里圈由于要跑的速度快，才能获得足够的离心力，不会向太阳坠落，所以速度通常比外圈快。因此我们之前提过，地球绕太阳每秒大概走 30 千米，快于火星的每秒 24 千米。地球绕完太阳一圈，火星才只走了半圈多一点，火星绕完一圈的时候，地球已经走了 1.88 圈了。

由于二者速度的差异，地球和火星就会产生"互相追逐"的现象。就像一个跑步健将比普通人跑得快得多，那圈数多了之后，他甚至可以多次和普通人擦肩而过。这个比喻换到地球身上，地球每 2.2 圈左右就可以追上火星一次，用时 780 天左右。这个时间周期很重要，地球和火星任何的位置概念，每 780 天就会重复一次。"火星的逆行现象"当然并不是火星真的在反向运动，而是因为和地球处于特殊的相对位置时期，因此从地球的角度看来，火星"逆行了"（图 43-1、图 43-2）。

图 43-1　火星逆行

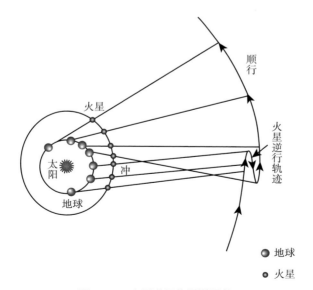

图 43-2　火星逆行的视觉现象

这一时期在什么时候发生呢？在刚起跑的时候，地球远远领先火星，这个时候观测火星，依然是和我们同一方向前进的。当地球超过火星一圈之后，地球开始追逐一圈都还没跑完的火星，这时候观测火星，也是和我们同一方向前进的。只有在太阳、地球、火星连成一线的时期内，相对于地球，火星是在逐渐后退的。因此，火星逆行现象形成的基础，就是基于地球和火星都是绕着太阳转这个前提的。火星逆行是从一个快速绕着太阳的地球上头，看一个比较慢速绕着太阳的火星运动，必然产生的视觉结果。

44 想去火星也要提前预约！什么是火星的发射窗口？

◎ 想去火星要先摆脱地球引力的束缚

首先，我们要先理解脱离束缚的概念，人类发往火星的宇宙飞船，需要达到能够稳定围绕地球转不会掉下来的水平，即实现第一宇宙速度 7.9 千米 / 秒。此时的宇宙飞船，可以围绕地球做匀速圆周运动，成为地球的"人造卫星"（图 44-1）。

在达到这个水平之后，下一步就是摆脱地球引力的束缚，达到逃逸速度，即第二宇宙速度 11.2 千米 / 秒。在这种速度下，我们的宇宙飞船能够飞离地球，被太阳的引力吸引，进入环绕太阳运行的圆形轨道。因为火星处于地球外侧，并且按照椭圆形轨道环绕太阳运动，因此宇宙飞船的圆形轨道，将在地球对面的位置与火星轨道交会。如果想实现探索火星的目的，就需要在宇宙飞船和火星会合的一刹那，令宇宙飞船能够成功被火星的重力场捕捉，进入绕火星轨道（图44-2）。

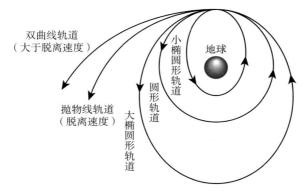

图 44-1　人造卫星轨道

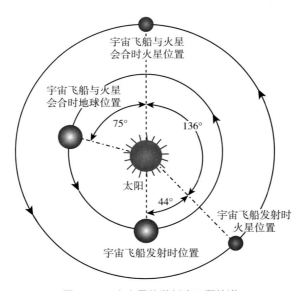

图 44-2　去火星的发射窗口和轨道

◎ "地火赛跑"也来掺和

而想要搞清这一刹那究竟是几时几刻，我们就要先回到地球和火星的关系上来。在火星和地球环绕太阳的"地火赛跑"中，地球的速度与火星相比更快。地球绕太阳每秒大概走 30 千米，快于火星的每秒 24 千米。地球绕完太阳一圈，火星才只走了半圈多一点，火星绕完一圈的时候，地球已经走了 1.88 圈了。

"冲"是火星在轨道上最靠近地球的位置，这时的火星在我们看来又大又亮，是最佳的观测时机（图 44-3）。荧惑守心、火星逆行等现象，都和这个时空点位密切相关。在"冲"的时刻，火星、地球和太阳的位置按顺序连成一线。而当地球和火星分别位于太阳两侧，同样连成一线的时候，则被称为"合"，是火星离地球最远的瞬间。

地球和火星任何的位置概念，每 780 天就会重复一次，"冲"的位置也随着这种周期性的变化而变化。从 2000 年以后的十几年来看，2003 年 8 月 28 日的"冲"，地火距离最近，为 5553 万千米，可以算作"大冲"。而 2020 年"冲"的时刻是 10 月 13 日，地火距离为 6250 万千米。

由于地球的速度快于火星，因此我们需要在"冲的位置"到达之前，将宇宙飞船发射出去，才能保证宇宙飞船在继续运行 180° 以后，跟火星顺利会合。那么我们究竟要提前多少天发射宇宙飞船呢？这就需要计算一下了，因为火星本身就处于地球外圈，又因为地球的速度比火星快 1.88 倍，可以得出地球和火星在各自的轨道预备起时，地球得让火星转太阳一周（360°）中的 44°。这个起跑时角度差，加上地火 1.88 倍速度差，造成地球火箭发射时间约在地火"冲"前 100 天左右。换算到 2020 年，大概是 7 月初。

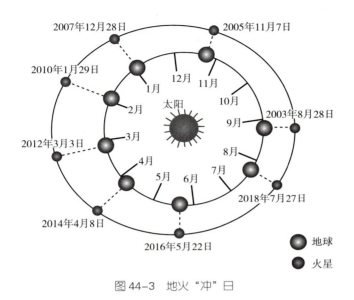

图 44-3 地火"冲"日

◎ 前往火星的发射窗口还挺"宽"

　　人类前往火星宇宙飞船的发射窗口，也不只有这一天，它大概能够持续 30 日上下，也就是 2020 年的 7 月 3 日至 8 月 3 日。那为什么前往火星的发射窗口可长达一个月呢？原因是去火星的火箭可快可慢。慢的火箭要早一点出发，快的火箭可晚点出发，前后时差可间隔 30 天。但快的火箭在进入火星轨道时，要耗费很多燃料刹车，所以火箭要带较多燃料，于是火箭较重，较难操作，又较贵。所以，在这发射窗口开放的 30 天内，何时出发，是许多复杂因素得出来的一个综合决定。

　　使用霍曼轨道去火星最省燃料（图 44-4）。以图 44-5 中的"水手号"宇宙飞船的发射过程为例。在它的霍曼轨道上，为了摆脱地球并最终与火星交会，宇宙飞船的速度远高于地球环绕太阳的 30 千米 / 秒，刚从地球出发时，有时能够达到太阳轨道速度 42 千米 / 秒上下。虽然看起来由地球前往火星的霍曼

转移轨道，需要长达 259 天的飞行时间和 4 亿多千米的轨道路线。但相比 6250 万千米的地火直线距离，霍曼轨道是宇宙飞船由地球轨道前往火星轨道，最省燃料也比较经济的路线。从地球出发去火星的出发时间和所需要使用的轨道，其实就是小学五六年级的"龟兔赛跑"问题，各位读者沉下心来，一想就通。

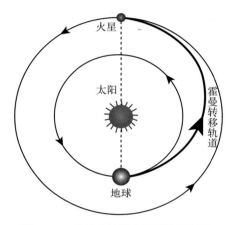

图 44-4　地球去火星的霍曼转移轨道

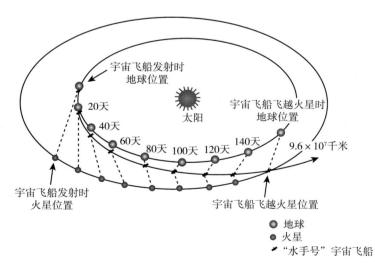

图 44-5　"水手号"宇宙飞船轨道

探测火星还有哪些艰难险阻?

◎ 宇宙飞船也有刹车困扰?

　　找到了合适的发射窗口时间后,前往火星的宇宙飞船就可以正式启程了。以火星为目的地的人类宇宙飞船,一般采用沿地球自转方向朝东发射,以节省一些燃料。进入地球轨道后,先围绕地球飞行一段时间,检验宇宙飞船各项仪器是否操作正常。然后宇宙飞船在轨道上适当地点加速到摆脱地球的重力场,将自己甩出去,走上追逐火星的道路。这时候它的速度,大概是地球环绕太阳的速度 30 千米 / 秒,加上第二宇宙速度,相对于太阳轨道,总共约 42 千米 / 秒。

　　而这个时候的火星,正在以 24 千米 / 秒左右的速度环绕太阳运动,远小于宇宙飞船的速度。看起来这艘拥有速度优势的宇宙飞船,就在太阳的重力场中,开始爬坡追逐火星。

　　宇宙飞船在追逐火星的过程中,速度一定得快过火星。但快追上火星时,一定得刹车减速。那要减到什么速度呢? 从火星的逃逸速度是 5.2 千米 / 秒,而火星的太阳轨道速度是 24 千米 / 秒。所以,宇宙飞船要想被火星的重力场抓住,宇宙飞船的太阳轨道速度,不能高于 29.2 千米 / 秒。宇宙飞船要从高速减速到 29.2 千米 / 秒,就得耗费很多燃料在刹车的反射火箭上。这就使宇宙飞船面临减速的困境,如果不进行减速调整,宇宙飞船就会快速与火星擦肩而过,成为飞越状态,最终成为太阳系的"流浪汉"。但也不能过度减速,如果速度过低,宇宙飞船就无法进入平稳的火星轨道,将坠毁于火星。

◎ **精益求精**

　　还以"水手号"为例，它相当于在和地球、火星一起围绕太阳编队飞行，只不过三者速度不一，但目的还是要和火星会合。在这个过程中，宇宙飞船要自发地在中途适当调整速度，作航线的修正。由于地球轨道对我们来说，比较近比较熟悉，容易控制，因此这种修正，一般会发生在任务早期，宇宙飞船围绕地球轨道运行的时段。当然也可借用地球重力助推的方式，节省去火星火箭所需携带的燃料。重力助推的道理，同样应用在人类对金星、水星、木星和土星等的探索中。

　　从地球轨道去别的行星的宇宙飞船，一般在出发的时候，故意不精确瞄准目标星球。因刚发射的宇宙飞船，如果发生故障，而又瞄准了目标，就会撞向星球，造成对星球的污染。所以宇宙飞船，都要等到飞行好几个月后，所有机件都正常稳定运转后，才把火星移到目标的靶心。此外，宇宙飞船造价高昂，因此人类对太空的探索，大部分都采取了非常经济的方案，用最少的能量，尽量实现更多的目的。即便是增添预算，也都要有科学的依据，比如增加安全系数规避风险，或适应发射窗口，减少飞行用时等（图45-1）。

　　宇宙飞船在去火星单程的路上，就要克服许多的艰难险阻。如想要火星宇宙飞船执行双程来回的任务，则更加不容易。在人类未来实现登陆火星梦想的过程中，还有诸多问题在等着我们……

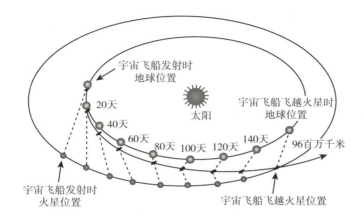

图 45-1　水手号、地球、火星，编队飞行

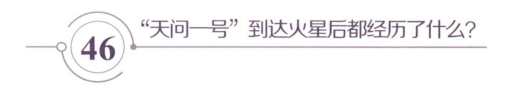

46　"天问一号"到达火星后都经历了什么？

地球到火星的距离非常远，最近的"冲"的位置也有 5500 万千米，因此宇宙飞船想从地球到火星，必须计算好地球与火星的运行轨迹，即计算发射窗口期。发射窗口期，是地球与火星达到"冲"位置前的 100 天，窗口期一般两年多一点出现一次，而 2020 年 7 月则是最近的一次窗口期，这也是中国"天问一号"要在 2020 年发射的原因。宇宙飞船需要达到第二宇宙速度（11.2 千米 / 秒）才能脱离地球，如探测器以太阳为参考系，

则需要达到 41.2 千米 / 秒的速度（11.2 千米 / 秒加 30 千米 / 秒的地球公转速度）。由于宇宙飞船脱离地球后仍要对抗"太阳引力"，因此，从地球到火星的过程，是宇宙飞船"爬坡"的过程。这一过程，是以霍曼轨道的线路完成的。如此，大约过 200 天的航程，宇宙飞船即可到达与火星在地球出发点"合"的位置与火星会合。在它"爬坡"的过程中，动能在逐渐转化为势能，宇宙飞船的速度会逐渐变慢，而后，就是我们今天要讲述的内容了。

◎ 宇宙飞船飞抵火星

到达火星后，我们就需要以火星为参考系来计算宇宙飞船的速度了。由于火星引力比地球小，宇宙飞船环绕火星的速度不得高于 5 千米 / 秒，否则就不会被火星的重力场捕捉。同样，如果探测器速度太小，它会被火星急速抓住，很可能失控撞向火星，这也不是我们理想的状态。因此，探测器到火星后一般要维持略低于 5 千米 / 秒的速度接近火星，才是最佳状态。

所以，宇宙飞船到达火星后第一件要做的事，就是通过反射火箭方式减速，需 20 ~ 25 分钟的减速过程，就可以降低约 1 千米 / 秒，剩下大约 4 千米 / 秒的速度。以 4 千米 / 秒的速度，在约离火星地表 400 千米的高度进入火星轨道，宇宙飞船绕火星的运行轨迹是一个大的椭圆形。距离火星表面近点大概是 400 千米，而远点可以达到 180000 千米（图 46-1）。

在刚到达火星时，宇宙飞船经过约 10 天才能围绕火星转完一圈椭圆形轨道。这相较于地球卫星要长得多，地球太空站围绕地球转一圈的时间仅需一个半小时。之后，宇宙飞船一般还要把"近火点"调低到距离火星表面约 100 千米处，能碰到火星稀薄的大气，火星大气压是地球大气压的 1/130，虽然小，但存在，宇宙飞船每经过一次，就会受大气阻力减速。这种减速方式节省燃料，但会增加减速时间，如果完全依赖火星大气减速，一般大概经过 1 年半，甚至两年的时间，才可能减速至任务轨道。

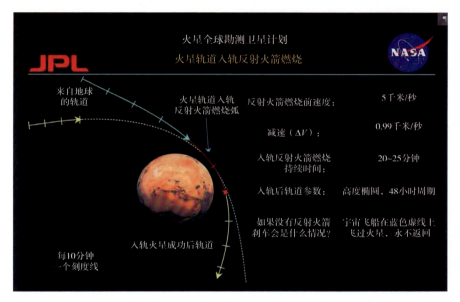

图 46-1　宇宙飞船到达火星后，通过反射火箭方式减速，才会被火星的重力场捕捉
（资料来源：NASA/JPL）

"天问一号"的实际操作，从图 46-2 可以看出。为了更快实现最终小椭圆形任务轨道，"天问一号"使用高压反喷气体减速，以期在数月内，完成轨道调整。轨道在逐渐成小椭圆形的过程中，先行修正出一个"近火点"为 265 千米，"远火点"为 60000 千米，周期为 2 天的椭圆形勘测任务轨道，收集登陆资料。"天问一号"任务火星车"祝融号"登陆成功后，再把留轨卫星，调整在一个 265×12000 千米，周期为 7.8 小时的小椭圆形环绕火星南北极的科学任务轨道上飞行。

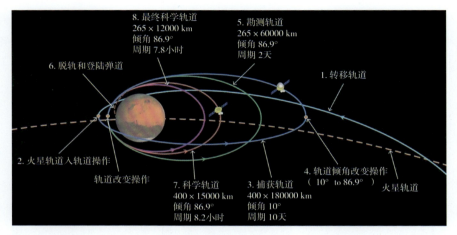

图 46-2 "天问一号"火星任务轨道调整（资料来源：Wikipedia/ Creative Commons Attribution-Share Alike 4.0 International license）

但科学卫星，并非简单地只绕火星的"赤道"运行。如果科学卫星绕赤道旋转，它仅能观察火星赤道北纬、南纬一定范围内的景象，想要看到火星的全部景象，就必须让卫星轨道通过南极北极，如此火星每旋转一圈，就会被勘测或科学卫星观察全景一次。图 46-2 清楚地标示出，"天问一号"的绕轨卫星倾角为 86.9°。这类近于环绕火星南北极轨道，也是火星与地球通信卫星最理想轨道。我们更可以通过仔细设计，使卫星轨道永远正面对着太阳。这类轨道，通称为太阳同步轨道。这样，依靠太阳能电池的卫星，就可以永远在连续充电的状态下运转。

◎ 登陆火星的工作

说完"天问一号"留在火星轨道的卫星，再来说说进入火星的"天问一号"任务火星车"祝融号"。宇宙飞船进入火星，需要突破火星大气，这个过程也不简单。宇宙飞船需要找到正确的切入角度，不可"用力过猛"

或"蜻蜓点水",因这可能会导致宇宙飞船被"烧毁"或被大气反弹回来。

宇宙飞船需要以合适的角度,加反射火箭助力,进入火星大气,突破"黑障区",而后通过超音速降落伞减速,接近地面时,点燃反射火箭,软着陆(黑障区是指穿透大气时,宇宙飞船与大气摩擦,产生高温,宇宙飞船被等离子体包围,完全失去通信联络的区域)。到此,宇宙飞船上的漫游小车("天问一号"任务火星车)、计算机、通信软件等硬件,就可以开始工作了。

不过,想与火星保持 24 小时通信,需要在地球上每 120° 经度设立一个通信站,目前中国在天津有一个通信站,仅能在 24 小时中保持 8 小时通信。当"天问一号"开始在火星工作后,中国可以派出"远望号"到大西洋加长通信时间,或是找到其他国家合作,寻求 24 小时通信。

47 人类登陆火星只是时间问题

登陆火星,比登陆月球要难得多,因为火星距离更远,路上的障碍更多。美国国家航空航天局一直在进行着送人去火星的研究,但是目前来看,这个计划可能还要拖延很久。

目前美国一直想再去月球,但一些有识之士并不这么想。毕竟,月球已经去过了,我们在那里该办的事儿也都办完了,没有再去的必要。但人类 50 年后技痒,再次登月,也无可厚非,登月是对一个国家综合国力的检验。不过,在我看来,这并不是科学家目前最想要做的事。科学家目前其实更愿意探索人类从未登陆过的火星。

为了人类登陆火星,我们已经连续 10 年,付出每年 5 亿美元的科研成

本。我想，无论多晚，人类最终都会走出登陆火星的一步。

◎ 火星怎么去？

　　火星与地球的距离是会变化的，最近能到 5500 万千米，最远则有 4 亿千米。相较于月球，这可不是远了一点半点！所以，有人提出先到月球，再用月球作为去火星的练习跳板。不过，这种方式就算说得再天花乱坠，在我看来也不如直接从地球出发去火星靠谱！

　　我们测量载人宇宙飞船的标准，一般要看它进入低地球轨道（LEO）时能载多少重量。去火星，可能需要载人宇宙飞船的低地球轨道载荷承重超过 140 吨，目前，美国国家航空航天局研究的宇宙飞船可以载重 125 吨，已经比较接近了。硬件要求达到一定标准后，我们就要看，究竟怎么去火星才是最"省时省力"的。

　　地球去火星有一个自然发射窗口，这是因为地球和火星都在公转，我们必须选择一个地球、火星两者相对合适的位置发射。而这个位置，是火星领先地球 44° 时的位置，这个时间大概两年多出现一次。以目前人类火箭推力情况，在自然发射窗口出现前后约 1 个月内出发即可。

◎ 去火星要带什么？有什么风险？

　　去这样一个星球，我们从地球要带去的东西当然很多，但为了准备好人类登陆火星后的回程燃料，一定要从地球携带的材料就是氢气。

　　我们已经知道，火星的大气压力低，约为地球的 1/130，大气成分大部分都是二氧化碳，成分为碳和氧。氢气和二氧化碳作用，可以生成水和甲烷，这两种材料，都是人类登陆火星所需要的关键物质。当然，我们还想在上面创造一个类似地球的小的生态圈。地球的生态环境需要很多有益的菌类。所以人类登陆火星，可能还需要带上一些细菌。这是因为火星环境也是经过长期太阳紫外线消毒过的，没有细菌的存在。没有益生菌，也就不可能有生态圈（图47-1）。

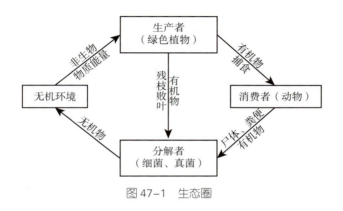

图47-1　生态圈

其实，我们到火星上，基本上就是寻找水，甚至寻找生命。当然，在火星上能做的事情有很多，只要人类想做，制作好了研究计划，都可以有系统地去做。

我们更加担心的，其实是风险问题。就如做世界上第一个吃螃蟹的人，是要付出风险代价的。从地球到火星的过程，航天员要躲开强烈的宇宙射线，抗住失重环境，避开太空中乱飞的小陨石。还有，这是一趟漫长的旅程，航天员还要能承受孤苦无助的心理压力。如果这些都能克服，我们就要用科技解决最后一个问题了：如何从火星回来。

◎ 去了火星，怎么回来？

人类费了那么大的代价才登上火星，当然希望能在火星多做些事情，待久一点。最好在火星住上1年3个月，等待回程的自然发射窗口开放。但和地球相比，火星大气稀薄，磁场微弱，在火星上待的时间越久，危险性也就越大。所以，人类第一次登陆火星，仅停留了 1～2 个月。从火星回来，有两类决然不同的发射窗口可供选择。待的时间长，回程可等到较容易使用的发射窗口。但如果只想短暂停留，降低地面风险，只能使用风险较大的回程发射窗口模式，需要借力炽热的金星助推，才能回到地球。两种回程模式，各有优势。

人类登陆火星是美国国家航空航天局继续研究的课题，现在尚不能说去火星绝对保证安全，但是我们至少要有把握，能送 4 位航天员登上火星，再把他们安全接回地球。

虽然人类登陆火星困难重重，但宇宙科学研究的本质就好比愚公移山，总有无穷尽的热爱太空的科学家济济而来，为人类探索太空的事业做出无私的贡献。因此，人类登陆火星，我想只是迟早的问题。登陆火星是人类一个伟大的目标，也是人类文明的一个巨大突破。

48 我们是火星人？

我在 2020 年更新了 20 年前写的一本书《我们是火星人？》，新书名叫作《火星，我来了》。好多年轻人读了这本书后，都向我提出这样的问题：

"火星那么冷，怎么可能有生命？"

"大气层那么薄，火星的生命怎么呼吸？"

"水是生命之源，火星上有水吗？"

乍看，你或许觉得这个想法天马行空。但是，人类多年探索火星的结果可以告诉你，我们很有可能就是"火星人"！

◎ 50 余年，耗资几百亿美元的火星探索

我们对火星进行大规模深入的探索是在 1976 年。当时我们斥巨资打造了两个火星探测器"海盗 1 号"（见图 48–1）和"海盗 2 号"。我们想，把这两个火星探测器送到火星上，检测一下火星表面的成分，火星的生命迹象就能显现出来了。于是我们在"海盗 1 号"和"海盗 2 号"火星探测器上布置了实验室，用来测试火星的表面物质。

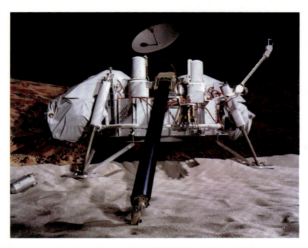

图 48–1 "海盗 1 号"火星探测器模型（资料来源：NASA/JPL）

生命的基础是有机分子。但"海盗 1 号"火星探测器的实验结果显示，火星表面不仅没有细菌生命，连一点儿有机分子都没有。这次探测一共花了40 亿美元。不过，仔细一想，火星的大气层很薄弱，阳光直射进来，紫外线会把所有生物都杀死，整个火星就像一个大的无菌室，能有生命才怪呢！

但是我们没有停下探索火星的脚步，截至 2020 年，我们陆陆续续向火星发送了近 50 艘太空小艇。但可惜，并非每艘都可以到达火星，有的可能

被陨石击中，彻底失去联络；有的没找到火星，导致任务失败。不过，皇天不负有心人。美国国家航空航天局在 1996 年发射的"火星探路者号"（图 48-2）及后续发送的火星探测小车发现，火星上有能形成含氧的液态咸水的矿物质！有了含氧的液态咸水，火星上就有可能存在生命。基于这样的一个探测结果，"我们是火星人"的猜想其实很好理解。

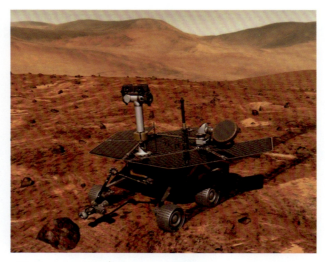

图 48-2 "火星探路者号"示意图（资料来源：NASA/JPL）

◎ 火星每年都会送地球一些"礼物"

无论是地球还是火星，它们最初形成的状态都是一个很热的火球。而火星质量小，比地球更容易冷却下来。经过测算，火星比地球早 2 亿年达到生命起源的条件。这正是"我们是火星人"这一猜想，最基础的事实根据。

宇宙中有陨石碰撞，因此，每年从火星"崩"到地球上的材料大概有500 千克，这算是火星每年送给地球的"礼物"。生命，极有可能就是搭乘着这样的"陨石列车"来到地球的。

当时，地球一直遭受外来陨石的轰炸。这些生命到了地球后，有的被无情的陨石轰击，消失了；有的则钻到了地下，躲避这场灾难。一直到今天，我们还可以在地下发现原始生命的痕迹。

聪明的你一定已经想到：既然地球的生命可以钻到地下，火星的生物就不可以了吗？当然可以！这也决定了我们新一代火星探测器的探测方式——往火星地下探测，1 米、2 米、10 米……

◎ 跟着水走，探测火星！

比起 1976 年的探测结果，后来的我们有了新的发现——火星上有很多水。水是生命之源，所以我们探测火星的策略就是"跟着水走"。那你猜，火星的水都在哪儿？是以怎样的状态存在的？

第一种状态就是"水冰"，火星的温度很低，部分水以"水冰"的形式存在，尤其是在火星的南北极。第二种状态就是液态水。我们虽然没有直接看到液态水，但是火星上有矿物质可以使水冰变成咸水。并且，火星上还有过"河床"的痕迹，那是液态水急流冲刷后形成的（图 48-3）。

图 48-3　火星上已干涸的河床（资料来源：NASA/JPL）

你可能会奇怪，火星的温度在 0℃以下，水为什么还会以液态的形式存在呢？道理其实很简单：冬天，道路结冰，除雪车会往地上撒盐，以此来降低水的冰点。同样地，火星上有"高氯酸钙""高氯酸镁"等高氯酸盐，可以让咸水在 –100℃左右仍然保持液态，如此一来，火星上有液态咸水也就不稀奇了。

液态咸水的存在，已经证实了火星上存在生命的可能性，虽然我们仍未探测到，但随着对火星继续深入探索，总有一天会真相大白。不过，就算火星上存在生命，他们的"命运"也是令人悲哀的。毕竟火星的直径只有地球的 1/2，引力是地球的 38%，大气层是地球的 1/130。由于火星个头小、重力场低，它的引力根本不能抓住大气，又不能防止紫外线的辐射，生存条件太恶劣了！即便如此，也并不阻碍我们想要探索火星的初心。如果你想更详细了解这些年人类探索火星的过程与成果，不妨翻开我最新出版的《火星，我来了》看看吧！

49 世界最著名的陨石源自火星

人类目前库存有 22000 块左右的陨石，有一块编号 ALH84001 的陨石，可算是最著名的一块，它是 1984 年 12 月美国国家航空航天局在南极阿兰山发现的（图 49–1）。

图 49-1　ALH84001 陨石（资料来源：NASA/JSC）

◎ 南极洲——世界陨石的聚宝盆

　　所有的陨石降落在地球的位置应该是平均的，因为宇宙中的陨石从四面八方而来，随遇而安。其中，有大部分陨石都掉到海里消失不见了。但地球有一个比较奇怪的地方，就是南极洲。南极洲的面积很大，有一个中央山脉，破冰而出，山坡向海边方向伸展，山坡的冰层厚度可达 2 千米。

　　因为南极洲很冷，所有水汽都被冻结了，空气中几乎没有水汽，也就没有雪，可以说南极洲是"雪稀风劲"，因而把南极洲变成世界上最干燥的地方，比沙漠还要干燥。南极洲的冰层也会遇到夏天与冬天，夏天温度高，冬天温度低，较大的温差导致 2 千米厚的冰层会因膨胀和收缩发生间歇性的震动。这个震动就会造成在这一大块面积上松动的石块往低洼地段集中。这就好比用抖动的盘子淘金的过程，重的东西会逐渐往最低处集中。

　　因此，南极洲这块大面积被冰覆盖的地域，就形成了落在这片冰层上的陨石的聚宝盆。即所有掉到南极洲的陨石，都被赶到了南极洲的低洼山谷中，更易被发现。此外，由于南极洲酷寒干燥，鲜有细菌，所以掉落的陨石很少会受到地球细菌的污染，收集到的是纯净的从宇宙各地来的陨石。

◎ 对陨石的研究是对生命起源的研究

想要追溯陨石的来源地，就要研究陨石的"同位素构成"。同位素，即质子数相同但中子数不同的核素。例如氢的同位素有气、氘、氚，碳的同位素有碳 –12、碳 –13、碳 –14。

在太阳系中，每个行星所含有的元素间同位素的比例不同。这个特性可用来鉴定陨石的原始来源地。其中最大的原因是每个行星的重力场不等，导致"逃逸速度"不同，例如这个速度在地球是 11.2 千米 / 秒，在火星是 5 千米 / 秒。以最接近太阳的 4 个固体行星为例，不同星球在最初形成时元素构成都是一样的，但由于每个星球自身的重力场不同，有些较轻的同位素可能会逃逸出质量小的星球，经过三四十亿年的演变，渐渐地每个星球都会形成自身特有的同位素比例，见表49–1。

表49–1　火星和地球同位素比例

同位素比例	火星	地球
$^{14}N/^{15}N$	170	272
$^{38}Ar/^{40}Ar$	0.00033	0.0034
$^{129}Xe/^{132}Xe$	2.5	0.97
H/D	1300	6500

再来讲陨石，每块陨石，都是经过在宇宙中高速飞行的陨石砸撞后，才能以高速崩离所在的星球。在崩离的过程中，免不了有融化再凝结的现象。在这一过程中，星球中的气体就会被陨石纳入，然后在陨石凝结后，

就在陨石中形成许多小气泡。这些气泡里的气体就是该星球的气体。

开篇提到的 ALH84001 陨石，它本是在南极洲发现的陨石，经过科学家对陨石内气泡同位素组成的研究，发现其与火星的同位素比例一样，这就说明，ALH84001 来自火星。同时，经过研究发现，这块陨石的"历史悠久"，早在 40 亿年前就已经形成了，与地球生命起源的年代相同，这也是它成为最知名的陨石的原因之一。

对陨石的探索，其实就是我们对太阳系生命起源的探索。截至 2019 年，我们在地球上收集到从火星来的陨石共 224 块。这些陨石当然异常珍贵，但人类梦寐以求的，还是从火星挑选一块最有可能含有生命迹象的矿石，运回地球。火星矿石双程取样之旅，也是"天问一号"重要探索任务之一。但要把火星一块 1 千克重的矿石运回地球，可能要到 2030 年后才能实现。

50 如果火星上存在生命会是怎样的神奇物种？

目前人类是想在火星上发现生命，所以对火星的研究，应先基于对生命的研究。而对生命的研究，要先回到地球，看地球的生命是如何存在的。

生命生存所需要的条件，在不同环境下是不同的。在小学时，老师就讲过，生命需要阳光、空气和水，但实际上这种说法是不正确的，因为很多生命都不需要氧气。地球在最初形成的时候，几乎都是二氧化碳，当时的地球生命几乎都是厌氧的。经过很长时间植物的光合作用，才让地球充斥氧气。也就是说，氧气在地球上，并非自然最初的选择。

◎ "跟着水走" 策略的原因

　　讨论完空气对生命的必要性以后，我们再来讨论阳光对生命的必要性。

　　阳光对绿色植物来说应是必需的，因为植物需要进行光合作用。对动物来说，阳光对动物身体也有诸多好处。不过，光合作用对于生命最重要的是供给能够储存能量的化学分子，其核心是氢原子。氢原子由一个质子一个电子组成（图50-1），核心是一个质子，而宇宙到处都是质子。

　　在宇宙刚形成之初，就形成了大量氢气，截至目前，氢仍然占宇宙总质量的75%。因此，生命不一定非要通过光合作用，才能得到由腐败植物释放出的氢原子。氢原子可由宇宙起源时的能量供应。所以，生命不一定需要阳光。那么，生命不一定需要空气，生命不一定需要阳光，剩下的就只有水了，所以我们断定，在火星探测生命，只有跟着水走。

图 50-1　氢原子结构示意图

◎ 探索火星的咸水

　　我们的目的，是要在火星寻找到液态水，因为生命需要的是液态水。根据以往的火星探测，火星的水多以冰的状态，存在于高纬度地带，而非接近于赤道附近的低纬度地带。赤道附近的陨石坑棱角分明，而高纬度的陨石坑有明显的软化现象，显示出地下水冰有移动现象，即地下有水冰存在。另外，"好奇号"曾在火星上发现了含一氧化锰和高氯酸钙、高氯酸镁等各类盐分的矿石。也是基于这些发现，几乎保证了火星的地下可以发现液态咸水。

这是因为，当高氯酸钙等盐接触到水冰，会使冰的熔点降低，达到 −110℃左右。所以，即便在火星上，水冰接触到这些盐也会融化，变为咸水。生命想在咸水中生存，还需要氧气。但盐已经融入水中，水中的位置大多已经被盐占据，留给氧气的空间就不多了。

不过，即便如此，也可以有许多氧气，可经由如一氧化锰类矿石，溶入火星的咸水中。因为水的温度越低，就能够溶入更多的气体，这就好比我们喝的汽水，温度越低，里面就更容易压缩进去气体，温度一高，气体就都跑掉了。所以，火星水中的盐与氧气的关系，是拔河关系。盐越多，盐水的温度可能越低，继而溶入的氧气越多。

目前来看，火星上即便存在生命，也会存在于地表之下，而且如果火星曾存在过生命，应该也同地球最古老的生命类似。地球最古老的生命，就是那种可以在无氧、地表炽热、火山活动频发、甲烷广布、硫黄"浓汤"漫流的情况下，生存下来的古菌！但如火星真的有生命存在，它和地球古老生命略有不同，它不嗜热，应嗜酷寒，这是"好奇号"最新的发现。

51　移民火星？先在火星上找到生命再说！

当人类了解清楚火星后，就拥有了移民的可能性。但这是全人类的事，且成功的可能性不高，因为很难先回答"为什么要移民火星？"这个大问题。移民火星，耗资大到人类无法想象的程度。所以我想，直到人类文明毁灭的那一天，人类也不可能实现"火星移民"，即在火星上繁衍生息。

不过，我们倒是可以探讨一下人类的火星探索方向，以及在火星上生存的可能性。

◎ 探索火星，本为寻找生命

人类登陆火星探索最想得到的答案，其实是火星上"有生命"。在人类科技范围内，从宇宙一眼望去，最有可能存在生命的星球就是火星。虽然其环境恶劣，但它首先是岩石类星球（像木星、土星都是气体星球），其次，它的环境比其他星球好（金星、水星太热或气压太高）。

人类寻找火星生命的主要目的，是回答我们地球生命在宇宙中是否孤独存在的问题。找到地球外生命后，也可与地球生命对比，其中也许可以发现珍贵的数据。

地球的真核生命，是以碳为基础、DNA 为蓝图、左旋氨基酸为组成结构的蛋白质生命。而火星上的生命，其是真核、原核生命尚不可知，也许氨基酸是"右旋氨基酸"，都有可能。在了解火星可能具备"生命基础"的前提下，我们可以再来审视一下移民火星的可能性。

◎ 创造火星生存条件是百年基业

火星大部分是二氧化碳，人类想在火星上呼吸需要氧气，这时候大家可能很自然地想到"蓝绿菌"（旧称蓝绿藻），因其可以吸收二氧化碳，通过光合作用产生氧气。

这并非天马行空，通过光合作用在火星上制造氧气是可行的，但我想可能需要很多很多的蓝绿菌，花上数百年的时间对火星充氧，大概可以从一定程度上实现把火星大气中的二氧化碳转换为氧气。此外，由于火星质量较轻，所以很多气体会脱离火星控制。我们知道脱离火星的速度是 5 千米 / 秒，如气体分子流动速度超过 5 千米 / 秒，就可能逃离火星，消散在宇宙。比如氮气分子在火星的流动速度为 6 千米 / 秒，我们就很难在火星上找到氮气的踪迹。氮气尚且如此，更不用说氢气等更轻的气体了。

所以说，还是应该先聚焦人类如何登陆火星，而不是移民火星。并且，即便是人类登陆火星，也有很大难度，因为我们不仅要保证航天员能到达火星，还需要保证他们能安全返回地球。

◎ 目前探测火星的成果与方向

截至目前，人类对火星的探测，仍基本上停留在美国的"海盗 1 号""海盗 2 号"的成果上，虽然累积了一仓库新的数据，但尚无巨大的突破。得到的成绩是：人类的生命探测器已经知道如何登陆火星，奠定了 21 世纪人类探寻火星的基础。

在火星探测过程中，科学家发现火星没有"有机物"。像地球一样，存在有机物不一定表示有生命，但生命的吃喝拉撒一定得和有机物共存。火星表面就好比被"整体消毒"了一样，除了甲烷一类可能由无机物自然产生的简单有机物分子，没有较复杂的有机物。

但探测器发现，火星表面存在许多"混乱地形"，这些混乱地形如在地球上，就像是干涸的河床，即曾被大水冲过的样貌，这才给予科学家信心，因为有水就有可能有生命。于是，21 世纪探索火星的新方向确定了——"跟着水走"。

就目前对火星表面的研究分析，科学家认为火星曾经可能是一个"水球"，其表面可能被水覆盖，且水的深度为 10～100 千米，要知道，地球海洋深度平均也仅有 3.8 千米。不过，随着时间的推移，火星表面的水分都蒸

发了，变成了现在这般模样。

　　但是这并不代表火星上找不到水，在太阳系的欧特云中存在大量彗星，向地球、火星方向飞来，彗星就有可能像"冰锥"一样，狠狠地插入火星地表，到达火星地下深处，所以火星地表下有"水冰"也就不奇怪了。

　　固态的水冰虽然不是液态的水，但即便火星温度一直保持零下状态，水冰依然有变为水的可能性。火星表面有高氯酸钾、高氯酸钙等"盐"的成分，可以降低水冰的熔点，这也方便了我们对火星水源的进一步探索。

　　截至 2020 年，美国国家航空航天局有关数据表示，在火星上可能有"咸水"，但细菌生命仍无踪迹，这便是人类当下对火星探索的最新成果了。

　　回到最初的话题，面对这样一个气压为地球 1/130 的大气，其中 95% 是二氧化碳、夜晚温度达 −80℃左右，且仍充满未知的星球，你对它还有移民的兴趣吗？

宇宙的终极理论

本章所涉内容均属于截至 21 世纪初人类需要解决的科学难题。我们在学习初中物理中，就接触到牛顿和爱因斯坦等有名的物理学家，但无论是牛顿的经典力学，还是爱因斯坦更进一步的广义相对论，在 21 世纪人类的认知程度下，都被认定并非是宇宙的终极理论。

　　与相对论在一定角度下相悖的理论，正是许多人拿来调侃的量子力学。虽然量子力学与相对论各自有其适用的领域，但科学界一致认为，宇宙的终极理论应是统一的，而非两种理论分庭抗礼。换言之，不管人类如何用自己创造出的各种不同的理论来理解宇宙的行为，宇宙就从来没理会过自以为是的人类，从黑洞的核心到整个无边际的宇宙，一直以它单一的物理原理，永恒地操作不息。

　　宇宙只有一个游戏规则，只有一个统一的终极理论。相对论和量子力学"两头大"的理论，正是人类尚在无知时期的表现。

　　也许，人类再出现一个、两个"爱因斯坦"，也未必能将宇宙的终极理论研究透彻，但科学界的学者正为之努力，前赴后继，向宇宙候选"超弦"终极理论进军，贡献自己的一生。

52 挑战爱因斯坦的狭义相对论

光是宇宙中非常特殊的一种物理现象，人类为了理解光，花了好几百年的时间，到现在已经相对比较了解光了。光的特殊，在于它是一种纯能量，不同一般物质的能量和质量并存。也正因如此，它才能以光速飞奔——在真空中以 299792458 米 / 秒（约 30 万千米 / 秒）的速度传播。

牛顿的时间，存在于我们生存的三维空间之外，以亘古不变的"滴答滴答"速度前行。爱因斯坦发现在这种思维下，牛顿力学有许多无法克服的问题，于是他提出了相对论，核心思维是他的空间和时间，需要紧密地结合在一起，以四维时空出现。而在这个四维时空中，光速永远恒定，即约 30 万千米 / 秒。但物体一动起来，时间可伸缩，空间可胀缩，质量可增减，呈现出来一个和牛顿完全不同的物理世界。

◎ 光速传播，不能有质量

光速在宇宙中的地位特殊。以光速传播的物理现象绝对稀少，除了光本身，可能就是引力波了。光和引力波，都是以纯能量状态存在，是没有质量的。人类也曾经幻想，有些存有质量的物体能以光速传播。太阳辐射的中微子，速度几乎接近光速，但就是还存有那么一点点质量，就无法以终极的光速飞行。

中微子是我们需要认真研究的东西。其实，我们基本确信，中微子的速度是 99.94% 的光速。假设，中微子真的达到了光速，根据狭义相对论，它的质量就会变得无穷大！然而，一个物体如果质量到了无穷大，就根本无法以光速运行，所以，这其中就存在一个以相对论为基础理论的巧妙平衡。

最终，人类得出了一个理论结果：只有质量为零的物理单元才能以光速传播。这是人类在几百年研究的挣扎中获知的结果。

◎ 没有质量，光为什么会被黑洞吸引？

这就可能引发大家的另外一个思考：黑洞质量非常大，具有强大的引力场，根据牛顿的万有引力，可以吸引很多质量轻重不等的物体。可是光没有质量，为什么还会被吸引呢？

我们来回顾一下黑洞的相关定义：黑洞的边缘叫"事件视界"，逃逸速度刚好等于光速。而黑洞核心周围的时空，逃逸速度则大于光速。所以，任何物体一进入黑洞"事件视界"内，包括光在内，都无法逃逸。连光都逃不出来，从远远望去，它就是一个黑色天体。我们知道，引力场会使空间弯曲。光在宇宙中，就是沿着这个弯曲的空间传播，而黑洞的引力场特别巨大，在我们的视线中，就变成了"光被黑洞吸引"（实际上是引力场导致了光的传播发生了弯曲）。

◎ 两束相反的光，相对速度是两倍吗？

这个话题，我们可以先从"波"说起。我们说话会发出声波，水面上会出现水波（图 52-1）。

超音速的飞机，可以追上声波，产生音爆；快艇的速度也可以追上水波。所以，爱因斯坦就想，我能不能成为"御光者"，骑在光波上，和光并行呢？这样一来，我和光并驾齐驱，对我而言，和我并行的那束光的速度，相对于我来说，不就是零了吗？反之，如果我迎光而行，那对着我来的光的速度，相对于我来说不就是光速的两倍了吗？

图 52-1　极"微扰"激起的朵朵涟漪微波，以水面波速度荡漾出去（图片来源：黄建玮提供）

要解决这个令人头大的问题，就要说到爱因斯坦特别著名的思维实验：在一列相对于站台停止和运动的火车中，牛顿三维空间外的时间发生变化了吗（图 52-2）？

图 52-2　爱因斯坦火车运动相对时间的思维实验

请看：当图片中的火车静止时，站台上的人和火车上的人，收到 A、B 两处光源信号的时间是相同的，但是，一旦火车开始运动，那就必然导致火车上的人先收到了 B 点的光源信号，然后才收到 A 点的光源信号！

结论：本来在静止火车和站台，同时收到的光源信号，在高速行驶的火车上，竟然变成前后收到的信号了！这个实验明显地透露，时间滴答滴答的度量不是绝对的，而是相对有弹性可变的！这个实验的构思虽然极简单，但它可能是人类有史以来最伟大的思维实验！

这就说明了一个很重要的物理现象：速度、空间的改变，是会影响时间的。而空间和时间因速度存在所相对改变的大小，不管在任何相互等速移动的情况下，刚好保证光的速度永远恒定不变。

狭义相对论，是以光速恒定为理论基础的。其实，光不存在任何参考系，一直以恒定不变的速度传播。这一结论太神奇了，在爱因斯坦之前没人相信，反而曾有人尝试证明，光在介质中传播，速度会发生变化。做这个实验的两位物理学家就是迈克尔逊和莫雷。当时他们想要证明的是：光的传播需要介质，在介质中传播，就应像声波和水波一样，因介质和光的相对速度不同，测量出来光的速度也应会发生变化。

可想而知，这个实验以失败告终。而在 1908 年，这个实验又被翻了出来，竟然重新被认定为成功的实验，因为它证明了光的传播不需要介质，也同时证明了宇宙中没有所谓当时公认的介质"以太"。因为这项伟大的发现，做这个实验的人获颁 1908 年诺贝尔物理学奖。

光速恒定不变，这是狭义相对论的基础。我们现在也可以通过很多方式来测量，比如太阳系本身存在着速度，且速度对某个遥远的星系已达到了 600 千米 / 秒。600 千米 / 秒已经达到了光速的 1/500。如果物理的相对运动会影响光速，我们是可以测量出来的，由遥远星系传过来的光的速度应有 1/500 的变化，而实际上人类从来没量到过从遥远宇宙传过来任何光的速度的变化。

到此，我们仅算是揭开了光最上面的薄薄一层神秘面纱。不过，这下面还有没有"我们不知道我们不知道"的东西，还要随着科技的不断发展深度挖掘。

时间为何不同于其他维度？

时间对人类来讲，是一个难懂又奇妙的东西，它在人类控制范围之外不断运行。那么我们为什么能够感知时间在不停地变化呢？因为人类从一生出来，每天都在衰老，在向死亡迈进，所以我们知道时间一定跟自己有着紧密的关系。

◎ 时间的因果关系

这个紧密的关系就是因果关系，是自然给人的一个重要参数。在宇宙中，我们人类所理解的现实物理社会里，因果关系是绝对不能逆行的。如果因果关系逆行，我们所知道的物理世界就不复存在了。

理论力学的牛顿三大定律向我们阐释了，假设三维空间里有个物体想要移动，就会有时间维度参与进来。到了爱因斯坦时代，人们对时间、空间的认识，比牛顿时代又进了一步。人类利用望远镜观测天体，发现天体在周而复始地运动时，它重复的时间是固定的。因为我们可以很精确地观测到，月亮围绕地球一周的时间，在一定时期内是固定的，地球围绕太阳一周的时间也应是这样。

但我们观测到，木星的卫星围绕木星一周，每次从地球量出的时间竟然不一样，为什么会这样？这就要从光的传播速度说起了，在牛顿力学出现的几十年前，人类发现光的传播是需要时间的。换言之，光有速度。第一个证明光线以有限速度传播的人叫罗默。罗默的实验，证明光的传播需要时间。由于观测者自己本身在随着地球运动，面对其他天体的位置在不

断发生改变，测量出来的天体相对运行速度也有快有慢。

　　既然光的传播需要时间，那么光一定是一种波。如果是波的话，传播时就需要介质。在宇宙中，天体都在运行飞奔，这个介质，相对地球，一般来讲绝对不会是静止的。在图 53-1 中，我们把这个介质当作一个个箭头通过地球。

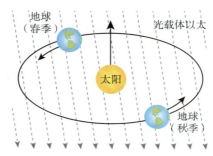

图 53-1　光不需要介质来传播——迈克尔逊 - 莫雷的"以太风"实验。太阳箭头表示太阳系在猎户旋臂上相对银河系运动的速度，约 250 千米 / 秒

　　地球在秋季跟春季的时候，刚好处于两个相反的位置。位置发生改变，地球跟介质中间的相对速度也会发生变化，我们量出来的光波，即宇宙中光的速度，也应该会发生变化。但人类的实验，怎么测量都量不出这种速度的改变，最后就得到结论，光跟所有别的东西不一样，光不需要介质来传播。

◎ 人类最神奇的一个思维实验

　　爱因斯坦是因为对光电效应的贡献而拿到诺贝尔奖的，所以，他就把光速当成光子的速度，继续思考这个问题。他想出一个火车实验：人在火车上把光子当棒球丢，棒球如果顺着火车运行的方向丢出去，在站台看这个棒球的速度，一定是丢的速度加上火车的速度；如果反着火车的方向丢的话，就是棒球的速度减去火车的速度。所以在站台上看到棒球运动的速度，跟火车上丢这个球的速度就会不一样了。

换言之，在地球上、月球上、火星上，因为每个不停运动的天体运行的速度不一样，那么我测量到像火车上棒球一样的光子速度就不一样。于是，宇宙中所有发射光子的光源，对地球的速度应该都不一样。我们应该能量到很多不同速度的光子，但是人类在地球测量到的光速，永远都是恒定的！这就很奇怪了，到底发生了什么样的事情？

这就和高铁实验有关了。从图 53–2 可见，高铁上有个乘客，站台上站着另一个人。然后在高铁两边的 A、B 两点上空，有两团云会发生闪电。

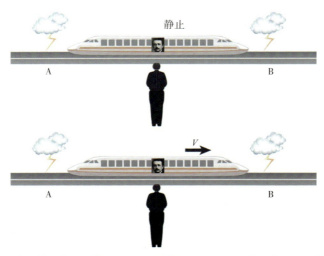

图 53–2　爱因斯坦火车思维实验：在不同的运动的空间里，时间发生了变化

现在，高铁在站台上是静止的，两个人对表后，时间是完全一样的。同时 A 和 B 两点发生闪电。高铁上的人说同时看到这两个闪电，站台上的人也说同时看到。

然后火车开始由左往右高速运行，两人在面对面的那一刹那间，A 和

B 两点同时发生闪电。站台上的人说，和以前一样，他同时看到两边的闪电。但高铁上的人说，他先看到 B 的闪电后再看到 A 的闪电。原理很简单，闪电的信号传到人需要时间，这段时间里，人在火车上又向 B 点移动了一点，人离 B 点比较近，所以他先看到 B 点的闪电，再看到 A 点的闪电。

这个实验表示什么意思呢？就是说在一个运动的情况下，跟在一个静止的情况下，两个人的时间流动的滴答滴答速度不一样了。换言之，在不同的运动的三维空间里，一个人运动，一个人不运动，他们的时间发生了变化。我认为这是个人类有史以来，最神奇的一个思维实验。通过这么个简单的思维实验，人类对时间的认识开始发生变化。

◎ 时空旅行不能改变因果关系

时间发生的这种变化，有一个游戏规则叫"劳伦斯坐标转移"。我们都知道速度是距离除以时间，如果现在光速恒定，而时间度量在火车和站台上流动的速度不一样了，那空间的长短，就要做出适度的变化，以维持光速不变，因为不管在哪个空间的运动，光速一定要维持恒定。时间跟空间永远要两个都同时发生变化，光的速度就把时间和空间勾连在一起了。

这个原理在物理上来讲很简单，就是火车思维实验的例子，但是要用数学的方式来把它结合在一起，就相对复杂一点。

时间跟空间有什么不同？第一个不同很简单。宇宙的空间有无穷多个种类，但是时间只有一个，这个时间在数学上来讲，叫原时（proper time τ），即固有时间。原时跟空间一个最大的不同，是原时永远携带着因果关系（图 53-3）。

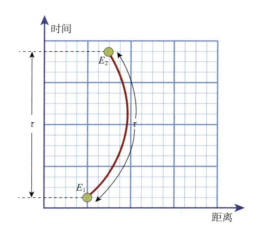

图 53-3　永远携带着因果关系的原时 τ（资料来源：Wikipedia/Creative Commons Attribution-Share Alike 4.0 International license.）

　　时空旅行不管怎么穿越，都不能改变因果关系。如果改变因果关系，我的祖父变成我的孙子，我在的这个环境就违背了物理原则，整个物理就要被推翻。而物理是我们在探索宇宙的时候，发现到的跟我们观测的现象相符合的客观原理，是我们没有办法推翻的客观存在。

　　于是，时空穿越可以到未来，但是不能回到过去。到未来跟物理没有什么冲突，到过去就是一切重组了。

　　除此之外，还有两种方法可以改变时间：一个是速度，另一个是重力场。太阳的时间跟地球的时间不一样，时间在太阳的表面，比在我们地球的表面要慢。在黑洞的表面，时间则可慢到根本不动。

　　在牛顿的时代，没有办法将时间看作变量研究。到了爱因斯坦的时代，我们对时间的认识更进了一步，发现时间是可以伸缩的，速度和重力场的变化，都会引起时间的变化。时间这个概念，从相对论时期开始，变成一个可以变化的物理参数。空间跟时间的变化要维持光速恒定，就是它变化的游戏规则。"卡西尼·惠更斯号"检测时间通过太阳重力场后的延迟效应示意图见图53-4。

图 53-4 "卡西尼·惠更斯号"检测时间通过太阳重力场后的延迟效应示意图
（资料来源：NASA/ESA/Cassini-Huygens）

 揭秘爱因斯坦是如何成为历史上最伟大的科学家的？

之前我们讲过，如果两个人同时在高速运动，一个人的速度是 100 米 / 秒，另一个人的速度是 500 米 / 秒，那他们的"时间系统"是不一样的。以

运动速度慢的人时钟为准，运动速度快的人，心脏跳动的就比运动速度慢的人慢些。如果一个人的心跳速度比其他人慢 100 倍，那么他就可以比别人多活 100 倍的时间！

下面，我们来讲等效原理，它是由爱因斯坦的思维实验"想"出来的，其中，等效原理有两个理论结果。

◎ 在相同重力场中，所有密度不同的物体加速度皆相同

1907 年，爱因斯坦完成四维时空的狭义相对论，得意了好几个月后，就跌入痛苦的深渊中，日日夜夜像是发疯似的，要将牛顿的重力场加到自己的相对论中。百思不得其解……

当时，爱因斯坦是瑞士政府一个低微的三等专利审核专员，专门审查专利案件，每天坐在一间小办公室里。办公室大概在楼房的高层。据说，有一天，有一个场景出现了，也不知道是不是他自己真的看到，还是他凭空杜撰出来的，但毫无疑问，这个场景在人类科学文明发展史上，的确是一个重大的里程碑：他办公室对面高楼有一个工人在刷油漆，一不小心，意外发生了，这个工人从楼上掉了下来，开始自由落体，加速坠落。

首先，爱因斯坦在思考，坠落的工人是在一个加速度的状态，他口袋中的瑞士小刀、木质烟斗、手帕都要跟着他一起坠落，做加速运动。于是他就接着想，在地球这样同一个重力场中，无论物体密度是多少，这些物体都应该以同样的加速度坠落（图 54-1）。

这个等效原理厉害的地方在于，无论你运动得多快，等效原理可以把物体身上存在的外力去掉，做只受引力场的自由落体的运动。在这种"唯重力"的场景下，就符合我们刚才提到的物理规律：无论物体的密度是多少，都会以同样的加速度运动。

这就是爱因斯坦的第一个等效原理。

图 54-1 密度不同的物体，在地球同一个重力场中，加速度相同

◎ 加速度等于重力场

爱因斯坦继续思考，把刚才的场景放到太空站中。假设一个人在太空站中，太空站突然以 9.8 米 / 秒^2 的加速度运动，这时候人就会一下子踩在太空站的"地板"上（图 54-2）。但在我们第三者看来，这是太空站在做加速运动，而对于在太空站内的人来说，他们就好像站在地球重力场中一样。是不是觉得这是一个看似很简单的道理？

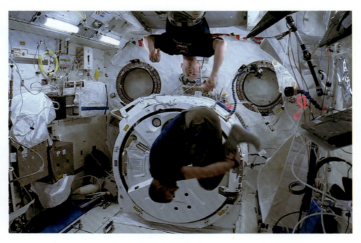

图 54-2 太空站自由落体运动（资料来源：NASA/ISS/JSC）

当你明白了这个结果后，我们就会得到一个很神奇的结论：加速度等于重力场。这就是爱因斯坦的第二个等效原理。

◎ 光在重力场中会弯曲

我们现在也加入去思考这个有趣的思想实验：我们把一个电梯放在一个真空、不受重力场影响的太空环境中。开始时电梯是静止的。这时候我们向里面打上一道激光，直射过来，平进平出，没有问题（图 54-3）。

现在，我们人为给这个电梯 9.8 米 / 秒 ^{2} 的加速度，这时候再从电梯的一侧向电梯内打上一道激光（图 54-4）。可以想象的是，由于光穿越这个电梯也需要时间，于是，光从电梯的另一侧出来的时候，一定与进来的高度位置不同。

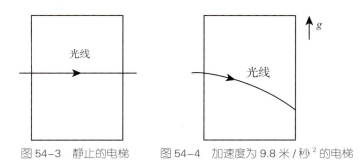

图 54-3　静止的电梯　　　图 54-4　加速度为 9.8 米 / 秒 ^{2} 的电梯

在上述实验中，光在加速度中发生了弯曲，由于等效原理，我们知道：加速度等于重力场。于是，我们就得出了一个"惊天动地"的结论——光在重力场中会发生弯曲。

根据这个结论，爱因斯坦甚至计算出了光弯曲的角度，他在 1915 年做出了一个预测：在日全食的时候，通过太阳的重力场，光会弯曲 1.7°。不过，大家都不相信，但是在 1919 年，发生了日全食。结果显示，在太阳切线位置的毕宿星团（Hyades，距地球 153 光年）果然偏移了 1.7°。这个结论一出来，爱因斯坦马上变成了人类有史以来最有名气的科学家。

以等效原理为基础，我们可以思考出很多神奇的东西：比如我们头位置（离地心远，重力场弱）和脚位置（离地心近，重力场强）的时间是不一样的。再拓展到更大、更难以思考的黑洞，黑洞中心的时间，可能是完全凝结的，如果人在里面，有可能会永远生存下去……

爱因斯坦广义相对论的存在，就依赖等效原理的成立。目前，我们还在不断测量第一个等效原理的准确率，现在已经测量到了 10^{-15}，它依然成立。

为什么我们要这么纠结于等效原理？就是因为我们要尝试推翻它！为什么要推翻等效原理呢？因为如果等效原理不成立，广义相对论就不成立了，就好像我们当初打破牛顿理论一样，物理领域就会发生天翻地覆的变化。也就是说，目前人类的科学建筑在相对论和量子力学上，我们现在很清楚地知道，这两个理论，都不是终极的唯一理论，因为宇宙只需要一个从极小到极大的物理理论就够了。推翻了等效原理，就等于推翻了人类科学两大支柱之一，人类科学文明肯定就会有个惊天动地的突破。人类正朝这个方向不懈努力……

55 下一个物理奇才在哪里？

人类的科技在不断发展过程中，在牛顿时代，对宇宙的认知一定是受限的。

曾经，我们仰望宇宙，看到宇宙中的万千星辰，会觉得他们是亘古不变的，相比起来，我们人类就像苏东坡所讲的"渺沧海之一粟"。不过，巨人的强大，就在于他们能用有限的生命创造出尽可能多的价值，而这一点，我想牛顿和爱因斯坦都做得非常了不起，让人敬佩。

◎ 牛顿的物理

我想，每一个上过高中物理课的同学都应该知道牛顿，因为高中物理的力学很重要，而且基本围绕着牛顿三大定律展开。

牛顿理论：惯性定律、加速度定律、作用力与反作用力定律。

从苹果落地现象牛顿发现万有引力非常重要，但却也让他陷入一团"迷雾"之中。有人就提出了疑问：既然万有引力无所不在，那么天上的星星、月亮之间都会有引力，如果有个星星因被撞移动了一些或一个星星从星云中诞生了，是不是整个宇宙都要"天翻地覆"呢？

牛顿穷其一生，还是没能走出他自己设计的"静态宇宙"困境。他只能解释道：宇宙是"上帝"创造的，所有的一切都是他安排好的，不多不少，绝对静态，绝对完美。牛顿的力学理论，需要"上帝"在背后力挺。

然而，现在的我们已经知道宇宙是膨胀的，"静态宇宙"根本不存在，所以牛顿说的并不成立。

物理学家再伟大，终究有他的局限性。200多年后，爱因斯坦站了出来，给现在的我们留下了难题。

◎ 爱因斯坦的预言

说到爱因斯坦，大家对他的印象可能都是"高智商"，但他的智商究竟有多高呢？爱因斯坦的物理，都是"想出来"的，不是"算出来"的，跟牛顿不同。

爱因斯坦的物理，最重要的就是"相对论"。我们来对比一下牛顿和爱因斯坦的物理公式，见图 55-1。

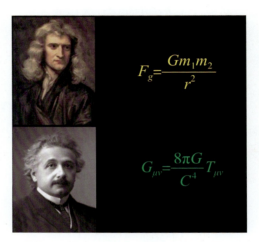

$$F_g = \frac{Gm_1m_2}{r^2}$$

$$G_{\mu\nu} = \frac{8\pi G}{C^4} T_{\mu\nu}$$

图 55-1　牛顿万有引力和爱因斯坦相对论

上面的公式大家很熟悉了，是牛顿的万有引力公式，与双方质量、距离有关。而爱因斯坦的场方程明显不同——加入了时间和空间的结合，用的是复杂了许多的"张量"数学（请参阅李杰信著《宇宙的颤抖》）。

说到爱因斯坦的场方程，我们就来简单说说相对论。爱因斯坦提出了狭义相对论和广义相对论。

狭义相对论的基础有两个：第一，光速在不同的等速运动系统（即惯性参考系）中保持不变；第二，所有的物理定律在所有的惯性参考系中都相同。而广义相对论则更为复杂，因为其加入了引力的概念。带质量的物体会有引力，周围会有引力场，且引力场会导致时空弯曲。即便是小小的你和我，也是有"引力场"存在的。

引力场的存在，让时空发生弯曲，光前进的路线也就随之弯曲（图 55-2）。

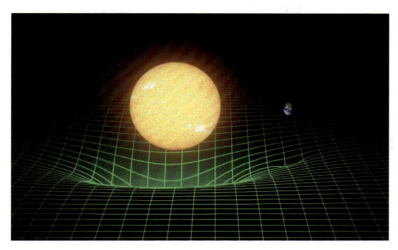

图 55-2　爱因斯坦的弯曲时空

除此之外，爱因斯坦在广义相对论中提出"等效原理"，这也是广义相对论的基础。从这个思维出发，可得出许多惊天动地、匪夷所思的结论，其中重要的一环，即在时空中的任何一个地方，都可以找到一个自由落体的参考系，让物体的运动不包含引力。

爱因斯坦的预言，也在十年，几十年，甚至百年后，被一一验证。即便是现在，科学家们，仍然在对爱因斯坦的等效原理进行检测。可以说，这是爱因斯坦给我们留下的难题吧！

◎ 还会有如此伟大的科学家吗？

爱因斯坦的智商前无古人，他的早期物理完全是"想的和讲的"，不是用"算"的。爱因斯坦的前期狭义相对论的数学理论，也是他的老师帮他发展出来的。

然而，我们并不认为爱因斯坦的理论就是宇宙的"终极理论"。毕竟，爱因斯坦的相对论和量子力学并不能结合到一起。并且，在核子和黑洞中，爱因斯坦公式也不能使用。爱因斯坦的场方程，联立了 16 个方程式，即便现在，我们都要用超级计算机去计算。如果今天，还能诞生一位科学家，做出预言，让 100 年后的科学家去证实，那么他的成就，可能可以赶上曾经的爱因斯坦了。

不过从现在的情况来看，我们还没有突破爱因斯坦给我们布下的"大山"，下一个伟大的科学家，在风云际会之时，一定会再出现。但何时出现，我们就不得而知了。

56 薛定谔的猫

"薛定谔的猫"这一思维实验，实际上和量子力学的非局限性息息相关。薛定谔就是提出量子力学方程式的诺贝尔奖得主。

量子的非局限性，其实主要就是波粒二象性，但后来又加进如量子纠缠等怪异现象。今天，我们说说波粒二象性。

◎ 薛定谔——量子力学

量子力学刚刚开始，是薛定谔在 20 世纪 30 年代，找出了量子力学方程式，也因为这件事获颁了 1933 年的诺贝尔物理学奖。他导引出来的公式，用实验去测量完全正确，但是，他并不知道导引出来的是什么东西！

当时，传统科学的计算，如果对一个粒子进行位置计算，它一定是固定的。比如这粒子现在在中国，只能在中国，不能同时出现在美国或别的国家，这符合经典力学定律。但是量子力学就不一样了，它的粒子可能以波的形式出现，扩散范围可覆盖整个宇宙。也就是说，这个粒子它可能有5%的概率在上海，8%的概率在广州，19%的概率在美国……薛定谔也以此为基础，提出一个非常著名的思维实验，即"薛定谔的猫"。

将这只猫放到有机关的密闭的盒子中，盒子中的机关一旦被无法控制的随机因素触发，猫就会死掉。而这个盒子也变成了"黑盒"，在打开前，猫有两种状态——或死或活。而这两种状态同时出现在了薛定谔的方程中。其实，更广泛地说来，根据量子的非局部性，当这只猫从我们的视界中消失后，也不一定非得在任何的盒子里。这只猫在宇宙别的地方存在的概率不等于绝对的零，于是这只猫可能存在于地球、可能在月球、可能在银河系的一角，也可能在宇宙的边缘，这些对于我们来说都是未知的。但现在就假设我们把这只猫关进眼前的盒子里，最终直到我们把盒子打开，才能知道它是死是活的状态。

◎ 量子非局部性的理论

我们现在再用人来举例。一个人在珠穆朗玛峰附近，山的北面是西藏，南面是尼泊尔。按照经典力学来说，这个人要么就是在山的北面，要么就是在山的南面。而从量子力学的角度出发，这个人有可能在北面，也有可能在南面。为了保证这个理论正确，就会出现一个神奇的现象：这个人必须拥有穿越山脉的能力。

量子的非局部性，也用在一种科技设备上，叫作扫描穿隧式显微镜，目前科学家用于定位原子。使用扫描穿隧式显微镜，穿隧的电子一定要撞上原子，我们才能看到原子的形象。而我们实际测量，穿隧电子撞到原子的概率和理论得出的结论完全符合，而用经典力学就无法计算。

目前，量子的非局部性已经是很确定的理论了，因为我们无论如何做实验，都验证出理论是正确的。

◎ 量子非局部性的应用

其实，大家常说的量子纠缠，实际上也就是量子非局部性的应用。两个关系密切的孪生粒子，其中一粒被送到距离很远的地方。我们本来已知道，其中一个粒子如以顺时针方向旋转，另一个则一定以逆时针方向旋转。如果我们测量出其中一个粒子的旋转方向，另一个粒子的旋转方向也就瞬间确定。所以，它们二者之间的讯息，可以以比光速快出很多的速度互通。这就是量子纠缠的核心概念。通过实验，量子纠缠的信息的确以超光速沟通，但人类不懂为什么会这样，这就是量子力学的神秘之处。

在生物科学上，有许多候鸟，到冬天就往南飞。无论是成年的，或者是刚出生的候鸟，它们都具备这样的能力。而这就是科学家正在研究的课题——候鸟如何"导航"，这可能和候鸟体内电子穿隧现象的量子力学也有关系。宇宙大爆炸的相关内容，包括暗物质、暗能量，这些用量子力学的理论也可以解释得通。但具体是不是，我们并不知道……

有人说，量子力学到最后，一定不是宇宙唯一终极的理论，因为它不包括引力，而在它涵盖的范围内，我们也只能用计算和实验来验证它。爱因斯坦说，上帝不是赌徒，是不"投骰子"的。但按量子力学的理论来说，宇宙的每一瞬间的存在，都相当于上帝扔了一次骰子的结果。

不过，也有人聚焦在研究量子计算机。因为目前传统计算机的开关是 0 或 1，要么开启，要么关闭。而量子力学计算机的逻辑，就比或 0 或 1 复杂多了。这对于人类目前的认知来说，是一个极大的突破。届时，量子计算机利用量子的非局部性和不确定性，将带我们了解量子力学更深刻的意义。或许，会帮我们打开一个新的宇宙。

57 宇宙超高能射线的能量有多大？

我们先来讲一下电子伏特，伏特我们知道，电池的电压 1.5V，就是 1.5 伏特，美国使用 110 伏特、中国使用 220 伏特的交流电。

伏特就像咱们人站在台阶上，从上面一阶一阶跳下来就会有势能转化成动能。如果一个电子发生了这样的移动，就会经由使用伏特的势能产生了伏特的动能，我们的计量这个能量转换的单位是"电子伏特"，它是一个电子在电场中释放的能量单位。引力场中的势能是牵动物质的，而伏特就是在电力场中牵动电子的。

人类制造出来的大型质子对撞机，可以拥有近十万亿电子伏特的能量，即 10^{13} 电子伏特。人类为了造出这么大能量的机器，足足用了 50 多年的时间，花费了 100 多亿美元，可谓是使出了浑身解数。

而宇宙中的高能射线，能量可以有多大呢？

◎ 宇宙高能射线的发现

1909 年，人类刚知道有原子、离子等超小粒子的存在。有一位法国人就发明了一个小仪器，目的就是去侦测这类可能在空气中到处乱飞的微小粒子。他发现，他的仪器灵敏度可以收听到信号。至于是何类小粒子产生这些信号，他暂且还没有概念。但不管如何，只要他的仪器"吱吱"响，就肯定有情况发生。

它发明了这个仪器后，就跑到了埃菲尔铁塔上。爬到上面之后，发现测量的数值变得很大，于是他就写了一篇论文：在地面上测量与在埃菲尔

铁塔上测量的离子量差很多。

但当时的人们不懂这个，也没有人理他，一直到 1936 年，科学家把 1909 年用的仪器放进一个气球里，不知道飞到多高，可能是几千米，发现了在天空中这个仪器的信号更强，也就是说它收获了比之前更多的粒子。于是科学家几乎确定，空中存在很多的高能量粒子。

最终，近代科学家测量出，该仪器收集到的粒子的能量，可达到了 10^{20} 电子伏特。目前，我们人造的最强能量也仅有 10^{13} 电子伏特（大型强子对撞机制造的希格斯玻色子）。所以现在量出的太空粒子，比地球上人类能制造出的最强粒子还要强上 1000 万倍。

◎ 高能宇宙射线来自何方？

调研结果是非常惊人的：宇宙怎么会有这么强的射线？于是科学家开始做实验，尝试深入了解宇宙射线。

人们思考，宇宙射线是不是电磁波？答案：不是。科学家发现，宇宙射线中含有正子，还有反质子。这两种粒子是宇宙射线重要的成分，并且，根据我们目前的研究，宇宙射线中的正子可能有 3000 亿电子伏特，比宇宙射线中电子拥有的 100 亿电子伏特要高出 30 倍。而反质子，有 20 亿电子伏特，比其中质子能量高出 6 倍。

丁肇中先生也做了这类实验，其中最有名的就是阿尔法磁谱仪 AMS 实验，目前还在太空站收集资料，前期论文报告很可能把正子和暗物质联系上。并且，正子、反质子有一个特点，就是无方向性。这说明这类射线不是从太阳来的，也不是从任何一个天体过来的。所以我们可以初步判断，宇宙射线可能和宇宙起源有关，因为宇宙从大爆炸开始时就没有任何的方向性。

由此也可以推论，这种极高能量的宇宙射线，可能和宇宙大爆炸和暴胀有关。

目前，关于宇宙高能射线的来源，有这么两种说法：第一种说法是来自银河系里的超新星。因为这需要很大的能量，才会有如此强的射线，一定会和光子有密切的反应，通过光子的推进，达到这么高的速度。超新星是经过重力坍塌、量子的反弹形成的，而经过这样的动作，超高能的宇宙测线也可能出现。不过超高能的宇宙射线，一般会伴随 γ 射线，如果只发现超新星的轨迹，但没有看到 γ 闪爆，就差了些意思。第二种说法是超高能的宇宙射线，来自银河系外的神奇物质，我们并不清楚。

◎ 宇宙射线对我们有什么影响？

首先，我们要说对于人类的影响。

大家可能知道很多计量单位，比如米、秒、分等，但是有一个计量单位叫希沃特（sievert），它是辐射的一种计量单位。

人的一生，最多能够承受 1 希沃特的辐射剂量，由于希沃特的单位算是非常大了，我们一般都会用微希沃特或毫希沃特。平时体检时照的 X 光，每天生活中正常活动，都会消耗这个终身定额的剂量数字。还有，地球本身就有很多辐射，当然，宇宙射线也会造成人体承受辐射剂量的增长。

我们前面讲过的火星旅行，就会对一生能够承受的辐射总剂量造成大量的消耗。去火星的过程，因高能量宇宙射线肆虐，会承受 250 毫希沃特，来回就是 500 毫希沃特，已经消耗了人体一生所能承受剂量的一半。所以，一个人一生只能在地球、火星之间往返一次。除此之外，宇宙射线还会改变地球成分，这就和温室效应相关。也会给环境一些辐射，每年是 0.39~3 毫希沃特。

再有，宇宙射线也会干扰我们的电子设备。我们计算机的开关是 0 或 1，如果你在太空中，高能宇宙射线打过来，你本来开着的仪器可能就关闭了。

更严重一些，甚至会直接破坏你的电子仪器！

超高能的宇宙射线，我们想要捕捉、研究尚且很难，应用起来就更加困难了。至于宇宙射线能否拿来验证超弦理论的某些预测，我们只能说，它的能量的确比大型强子对撞机高出很多，但对超弦理论的验证来说，可能还是给不上足够的力。

58 宇宙是唯一的吗？

这个问题，可以说是科学界仍在探索的问题之一，与复杂的"超弦理论"有关。我想，我们可以在宏观层面上和大家说一说，让大家对超弦理论有一个基本的认知。当然，也有的物理学家就直截了当地说，宇宙大爆炸时，有太多的能量，仅创造出我们单一的宇宙，能量绝对用不完。

于是，在我们的宇宙外，就要有几乎数不完的宇宙，大爆炸和暴胀之声，此起彼伏，不绝于耳。所以，宇宙太多了，我们的宇宙绝对不是唯一的。持这种观点，没人能说得过你，就算你赢了这场辩论。即便你赢了，但从理论上看来，有许多令人不满意又充满悬念的地方，你还是说不清楚。所以，今天我们厉害点，就从人类发明出来比较严谨的理论思维，来讨论一下我们的宇宙是否是唯一存在的宇宙这个大问题。

我们一再强调，人类目前科学两大理论——量子力学和相对论，它们都不是宇宙的终极理论，因为它们在宇宙大尺度转接到核子小尺度的过渡中，无法严丝合缝达到无间隙连接的境界。但自然界并不需要理会人类的不完美版理论。自然界一定是仅由一种理论控制的。目前，人类在宏大和高速的部分用相对论，在细微的地方用量子力学，各行其道，这是现状。爱因斯坦从 1930 年前后开始研究，想把两种理论合并到一起，直至他过世，都没有成功。量子力学和相对论，现在仍然各行其道，毫无瓜葛。

目前，我们了解的力有四种：引力、电磁力、原子核里的弱核力、夸克之间的强核力。除了引力，其余三种已经合并起来，并且有多位物理学家因此获得诺贝尔奖，但唯独引力不好处理。直到 1960 年，科学家就提出：一定要有新的理论。

◎ 科学家的"另辟蹊径"

科学家指出，新的理论不能用粒子的概念了。质子、电子、光子这些都是粒子的概念，这不能解决把四种力合起来的问题。

聪明的科学家就想，把宇宙最基础的普朗克长度（约为 1.616×10^{-35} 米），视为一条会震动的"弦"，以它为建构宇宙万物的最基本单位，这就是我们说的"弦理论"。这就可以把引力放进来了，因为弦的振动可以很好地解释引力。

于是，弦理论就开始蓬勃发展。但没过多久，弦理论也碰到了"铁板"，即弦如何形成质子、中子和夸克呢？这些物质又如何凝聚，如何变动才能形成今天包括有很多黑洞的宇宙？弦理论并不能解决这些问题，这就很尴尬了，因为目前的量子力学、相对论，至少可以解释宇宙的形成。

◎ 弦不够，那就超弦

弦不够，科学家就提出了"超弦理论"。这里面的"超"意为"超对称"，因为我们身处的世界本应是对称的。鼻子和肚脐在身体中线，耳朵和眼睛左右各一，左右手镜像对应。物质中晶体有规律的结构，角动量的守恒等，都是因自然界对称而产生的物理现象。超对称更厉害，要求费米子和玻色子一对一成双成对出现，成为宇宙中更深层的对称现象，企图回答目前人类无法解决的物理问题，并且寻找人类尚不知道的物理世界。

我们的世界有很多普遍对称的规则摆在那儿。如果我们的宇宙是完美的宇宙，那就是超对称的宇宙。不过，宇宙自大爆炸时就已经不完美了。宇宙大爆炸之初，出现了许多物质与反物质，它们本应是一样多的。但反物质几乎全部消失，仅剩余了一部分物质，约是原来总量的 10 亿分之一，这就是我们现在的物质世界。假如这个对称没有被破坏，现在的宇宙就全部是能量了，也就没有我们现在的物质世界。

虽然从宇宙大爆炸的零时起，这个完美对称被破坏了约 10 亿分之一，但宇宙的本质是想拥有超对称完美的特性的，所以我们现在就忽略宇宙那么一丁点的缺陷，仍然用超对称振动的弦，将宇宙描述出来。

爱因斯坦的相对论，描述了四维空间，即三维空间加时间。但是，在四维空间，我们没法建造出这么一个"弦"，以满足物理在自洽条件下来形容我们现在的宇宙。经过科学家的研究，如果用超弦制造现在的宇宙，需要九个空间加上一个时间，十维空间才够满足物理从头到尾的自洽条件。

◎ 十维空间，其中六个我们看不见

在这里，我们就必须要提到一位为超弦理论做出巨大贡献的华裔数学家——丘成桐。他在 1978 年提出，用目前的四维空间，加上六个高度压缩的空间，变成十维空间，可以使用在超弦理论上，解决所有的物理问题。这个理论所创造出来的六维空间，就被称为卡拉比－丘流形（图 58-1）。

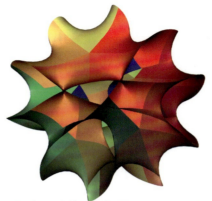

图 58-1　卡拉比–丘流形（资料来源：Wikipedia/Public Domain/Creative Commons Attribution–Share Alike 4.0 International license.）

卡拉比–丘流形，形容的是除去我们四维空间以外的另外六个空间。由于宇宙的能量非常大，卡拉比–丘流形的长度单位是用普朗克长度（10^{-35} 米）为基础单位。

我们可以想象一下，这个高度压缩的卡拉比–丘流形，可以有很复杂的几何结构，比如它可拥有很多的洞。至于它能拥有多少洞，超弦物理学家看法不一，10 个不算少，1000 个不算多。为在这篇小文章中讨论方便，就算它有 500 个洞吧。现在把能由振动产生大小不等能量的超弦引进来，假设它振动能量有 10 个量子层次。

这个超弦在每个流形中的洞中，就以 10 种不同的能量出现。如果总共有 500 个洞，这个流形的总能量就有 $10 \times 10 \times 10 \times$ …… 即 10^{500} 的变化。换言之，这个有 500 个洞的流形，总共可能有 10^{500} 不同能量的内涵，也就等于有这么多不同流形几何结构的变化。这些不同的几何结构，即便各有不同的超弦振动能量内涵，但结构本身没有道理不是稳定的。就像一座形状复杂的山体，虽然因局部坑洞地势变化的高度不同，造成各处局部势能相异，但因有局部坑洞结构，滚石也可能在半山腰因局部势能稳定而被拦住，不再往下滚。所以，一个巨大的山体，可以有很多稳定的势能位置，我们也可以说，它有很多不同势能的几何结构。

此外，有 500 个洞的卡拉比－丘流形，它可以有 10^{500} 的稳定结构。并且，我们可以将建构超弦理论所需要的所有东西放进去，包括引力场、电磁力、强核力、弱核力等。其实，在满足把量子理论和相对论严丝合缝，自洽无碍地结合在一起后，它竟然拉扯出一个附带的产品，即这个流形可以有庞大数目的不同几何结构，也就是说，超弦理论也创造出各种不同能量的宇宙。所以，从超弦理论角度来看，在我们的宇宙之外，应有很多宇宙，如 10^{500} 那么多，数目可能几近无穷。所以，平行宇宙和多重宇宙的概念应运而生。

那么，我们把所有理论放到超弦理论中，不是就可以了？并非这么简单，因为要检验超弦理论所需要的能量太高了，高到可能永远无法以人类科技文明能产生的能量来验证它的正确性。

科学家在地球上建立大型强子对撞机，以创造短暂的巨大能量，但离检验超弦理论所需的能量，至少低了亿亿倍。

超弦理论可能永远超出人类的能力去验证它。所以，我们仍需要继续寻找在我们认知范围内，能够解释宇宙大爆炸及目前所有现象的单一理论。但以目前理解，拥有不同结构和能量的宇宙数目应有很多，我们生存其间的宇宙，也不是唯一的。

宇宙公民

我，李杰信，战争中侥幸存活下来的一个生命奇迹。小时，母亲常对我说，小信啊，你就是在逃难路上，落在后头地平线那颗跳动的小黑点。虽然那颗小黑点很容易被逃难的人潮淹没，永远和家人失联，但那年我只有五岁，还不知恐惧。不过，很早我就懂得，我的这条命是捡来的。所幸一路得到满实的祝福，使我在进入加州理工学院喷气推进实验室工作时，为自己选择了"宇宙公民"的身份，在美国航空航天局工作了 40 多年。

　　我的事业轨迹，较为独特。我的领导们也理解，只要马克（我的英文名 Mark）持续高能量工作，就让他放手去干。我也抓住了这个机会，为科研和科普，做了一辈子的事。

回顾 NASA 40 年

在很多人看来，美国国家航空航天局（NASA）是很神秘的。有人问我：科研人员一定每天都做着很复杂、繁重的工作吧？研究太空肯定很有趣吧？每天都会有新的发现与突破吧？对此，他可能只说对了一小半。一个从事太空科研任务的科学家，人生轨迹一般会与常人不同，做的事情，也并非大家所想的那样。

◎ 在 NASA 40 年，两个重要的项目

其中一个项目，就是和欧洲合作，测量、检测爱因斯坦的等效原理，因为等效原理是爱因斯坦相对论的基础。这个项目前后进行了近 10 年，每年都会花费数百万美元进行评估论证。而这个实验，不仅昂贵，而且很难做。当时我们预估了一下，大概 5 亿美元起步，所以在 21 世纪初，这个实验就停止了。

另一个重要项目是在 2012 年，我们要在微重力下去测量（也是爱因斯坦预言的）玻色 – 爱因斯坦凝聚态（图 59–1）。

这个项目说起来，还要追溯到 1915 年，爱因斯坦预测引力波存在，并且非常难测量到。果然，人类发展了 100 年左右，才测量到了引力波。测量引力波，需要极高的精确度，要以激光为基础。而激光是 1960 年才出现的，激光出现后，又过了约 50 年，我们才做出激光干涉仪。而这 50 年研究仪器的过程中，我们又花了约 100 亿美元。

到今天，我们已经在研究凝态原子干涉仪，用它来测量引力波，在理

论上，其精确度比激光干涉仪要好上 1 亿倍。但要达到这个精度，还要投资至少上亿美元，才能够制作出来达到 10^{-26} 米原子干涉仪。目前，激光干涉仪测量的精度是 10^{-18} 米。

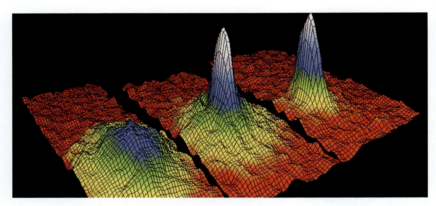

图 59-1　玻色 – 爱因斯坦凝聚态（资料来源：Wikipedia/Public Domain/NIST/FedGov/USA）

◎ 现在的我们，在验证先人的理论

看到这里，大家应该也了解了，我所做的两个重要的科技管理项目，都是在验证爱因斯坦的理论。

由于爱因斯坦的理论都是靠大脑想出来的，所以我们要对它进行验证。这其实是一个非常困难的过程，比如我们要做出原子干涉仪，你首先要找到凝聚态。凝聚态是在 1995 年才被发现的，而爱因斯坦在 1930 年就已经把它提出来了，这个难度，大家可想而知。到今天，我们仍然在对爱因斯坦的等效原理进行验证。

所以，一个伟大的科学家，就是可以给未来的人类设定一个突破的目标。曾经，牛顿创造了经典力学理论，爱因斯坦修正了牛顿的理论，而未来，谁能够修正爱因斯坦的理论，我们不得而知。

但我们现在已经遇到了科学研究的一块"铁板"，就是暗物质与暗能量。所以我们也不能确定，爱因斯坦理论是不是宇宙的终极理论。其实，我们相当有把握，它不是宇宙的终极理论。

◎ 科研，可能付出人的一生

并不是每一个科研人员，都可以见证历史性的突破。有时候，上千个科研人员，做 10 年，甚至 20 年的研究，都不一定有什么进展。所以科研不一定有趣，相反，它可能会有些乏味，甚至让你感到无奈。

即便如此，很多科学家也仍在科学的领域继续"踱步"，一步一步推开人类未知的门。目前我们遇到的最大难题可能是暗物质、暗能量，但宇宙无穷无尽，未来，科学闯关的路上会遇到怎样的挑战，会消耗几代人多少的心血，都是未知……

我已经退休了，对于我来说，人生的科研阶段可能已经结束了。不过，好在我仍游走于太空科普领域，能继续在中国、美国，乃至全世界，进行太空科学的普及。这是我能做到的，非常愿意做的，一件有意义的事情！

60 从地球公民到宇宙公民

我是 1978 年进入加州理工学院喷气推进实验室的。1976 年，"海盗号"抵达火星，所以 1978 年正是人类大批接收火星数据的时段，当时科学家对火星传回来的每一种资料都很痴迷，在积极研究。我也是在当时才有这么

一个概念：原来一个科研项目，能够花 10 亿、20 亿美元这么多，"大科学"打开了我的眼界。

这引起了我极大的兴趣，带着一腔热情，我一直走在研究宇宙的路上。

◎ 被借调到美国国家航空航天局华盛顿总部

我在喷气推进实验室一直有自己通过"同行评审"申请到的研究计划经费，以主要研究员（Principal Investigator, PI）身份（图 60-1），工作到 1987 年，之后就被调到了美国国家航空航天局华盛顿总部。一般而言，一个人被调到总部是因为他在某方面科研做得有些出色，又能掌握人际关系。美国航空航天局（NASA）总部对科学管理人员的需求一直存在，经常以两年为轮换周期，从美国国家航空航天局中心借调科学家到总部工作。

图 60-1　美国国家航空航天局主要研究员李杰信在加州理工学院喷气推进实验室

本来我是自己做研究，但到了总部后，就要面对 100 多名大学教授和研究员（其中有 6 位以后获得了诺贝尔奖），需要管理他们的科研工作，包括对他们的工作进行评审，以及负责发放他们的科研经费，以美国联邦政府的力量，做他们科研的后盾。

1987 年时我 44 岁，当时我就在想自己过去做的事情和未来的发展是否会一样？如果人始终做着一样的工作，最后带进坟墓，就太单调了。于是我开启了另外一个方向，即科技管理。

不过也是因为我当初在喷气推进实验室做的实验，获得诺贝尔奖的概率很小，因此，到总部每年管理几千万美元的科研经费，可以做一些我以前想做但做不到的事情，比如多学些不同领域的科研知识，拓宽我自己知识的覆盖面等。而总部也很器重我，很快选送我到麻省理工学院全薪在职进修科技管理的硕士学位。在技术专业和管理训练加持下，我就下定决心，做了事业方向不同的选择（图 60-2、图 60-3）。

图 60-2　李杰信为美国国家航空航天局总部验收喷气推进实验室的基础物理太空飞行实验设备

图 60-3   作者负责研发美国国家航空航天局新一代探测小行星小艇

　　NASA 总部也很配合，给了我一个特殊科技人员（S&T）职位，也是 NASA 能给科学家的最高职位。所以，我就留在了总部。而在喷气推进实验室留下的科研工作，我就请加州理工学院的一位教授接手，继续做下去。这位教授是位非常出色的科研人员，后被评选为美国科学院院士。

　　在进行科研工作的这些年，宇宙中的数据给我留下了深刻的印象，例如 1991 年"航海者 1 号""航海者 2 号"拍摄的蓝色地球。也正是在太空科研工作的这些年，我对自己有了新的认知。沉浸在浩瀚宇宙的境界后，我决定跳出地球人类文明的局限，终我一生，不从政、不经商，只做宇宙公民。

◎ 最感动的时刻

　　2001 年，我邀请 39 岁即获诺贝尔奖的埃里克·阿林·康奈尔（Eric Allin Cornell）向 NASA 提出研究计划，当时他以"事情太多、时间太少"为由回绝。2004 年，他因为手指受到具有巨大侵略性细菌的感染，不得不将左臂和肩膀截除，以阻止细菌蔓延。2013 年，我再次邀请他参与 NASA 研究计划时，他第一句话就说："马克，你还记得我？"这位诺贝尔奖得主，人生经历过重大的劫难，他竟也还记得我（图 60-4）!

图 60-4　埃里克·阿林·康奈尔和李杰信重逢的喜悦

　　还有让我记忆深刻的是，在 20 世纪 90 年代，我负责管理的一个项目，有一位从德国到美国麻省理工学院（MIT）工作的研究员，突然被校方中断了实验室电子设备支持费用，实验室即将面临停摆。我检查了一下自己项目内能动用的机动经费，在一个星期内通过急件公文的方式就把两年的科研款项送到 MIT。后来这位研究员留在 MIT 继续做冷原子科研，并获得了诺贝尔奖。我非常荣幸得到他特别邀请，参与他的诺贝尔奖颁奖典礼。

　　我的工作是做科研管理，为研究员提供服务，支持他们的研究。这份工作中最大的感动就是提供了好的服务，研究员都会记在心里。当研究员得到了像诺贝尔奖这么高级别的荣誉时，还会记得邀请我分享这份荣耀，实在是对科研管理者最温馨的回馈。

◎ 一些让我思考的问题

我每天在总部重点思考的事，就是以一个联邦政府公务员的身份，如何帮助近百位 NASA 主要研究员把他们的工作做得更好。我的上司主管们都知道，不要去惹马克，马克第一忠诚的是他的研究员。曾有几位主要研究员的经费被他们的大学裁减，我就以 NASA 的名义，紧急拨款到位，使研究工作连续不间断走下去。有些主要研究员做出出色的成果，会在第一时间兴奋地打电话告诉我，我也会找时间去他们的实验室拜访。30 多年下来，研究员中就流传着这么一句话：被马克拜访过的主要研究员，拿到诺贝尔奖的概率很高。

我做的科技管理工作，以主要研究员的需求为本，放开手让主要研究员海阔天空地在全宇宙领域中发挥，不需 "5 年 500 亿"；在此期间，有 6 位主要研究员于 1996 年、1997 年和 2001 年获颁诺贝尔奖。而我也能以一个 NASA 公务员身份，应邀参加 2001 年诺贝尔奖百年庆典，实属荣幸（图 60-5）。

图 60-5　李杰信应邀参加 2001 年 12 月 10 日诺贝尔奖百年庆典，与 NASA 主要研究员——1997 年诺贝尔物理学奖得主威廉·菲利浦斯（William Phillips）合影

能获诺贝尔奖的科研计划，当然有很多因素，如主要研究员的天分和努力，研究机构和政府长期稳定的经费支持等。但所有我详知对人类科学文明有巨大突破的科研计划，都奠基于科技管理八字箴言：同行评审（Peer Review），随机发挥（Serendipity）。据我过去 20 余年的观察，龙的传人，不乏天分又努力的人才。缺的是科研政策和科研决策人的胆识和智慧（图 60-6）。

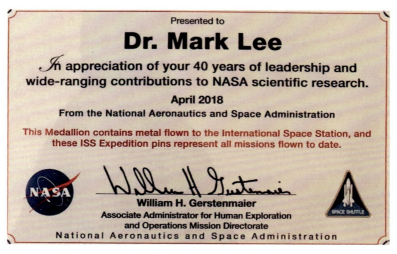

图 60-6　美国国家航空航天局总部给李杰信的退休赠言：感谢 40 年来对美国国家航空航天局科研上的领导和广泛的贡献

后记

2018 年 4 月 30 日，我从美国航空航天局（NASA）总部退休，离开服务了 40 年 3 个月又 2 天的太空科研管理生涯。退休了，时间终于可以全由自己掌握了，那就放开手，去做我喜欢的事情。我喜欢的事情，就是科普活动，其中最喜欢的就是和年轻朋友面对面谈宇宙科学知识。自此，我就敞开接受海峡两岸和美国各级学校和社团的邀请，大家想听什么，定下讲题，给我 120 分钟，本人绝对赴约，讲到众人满意，尽欢而归。

二十多场科普演讲后，我真心感念：天下哪里有这么美好的退休生活啊！

当美好到不可置信时，突然出现了新冠病毒，从 2020 年初开始全球肆虐，我的科普演讲活动也因此戛然而止，不得不把自己关进了书房。还好，在美国航空航天局做科研管理工作 40 年，我早已深切懂得，任何计划都至少要有两手准备，即 A 计划和 B 计划，如能再有 C 和 D 计划，那就好上加好了。

我最热爱的科普演讲活动，只进行了不到两年，就不得不提前好几年启动了 B 计划。在新冠病毒感染严峻的日子里，我"躲进小楼成一统，管他冬夏与春秋"，继续着科普活动。

此外，当无法面对面科普演讲时，通过 Zoom 虚拟会议工具，我仍在网上从事科普讲座。同时，既然已被关进书房，那就好好利用时间，多写几本书吧！

退休后，原本想做的第一件事，就是把 20 年前写的《我们是火星人？》旧瓶装新酒，更新内容，记录中华民族 21 世纪太空的崛起，以及为火星探测留下龙的传人的足迹。这里要特别感谢科学普及出版社，他们在 2020 年 7 月成功推出了我的《火星 我来了》，助力我成功完成了计划。

长久以来，在美国的读者群体中，一再有人问我，能否为那些以英文为母语的小孩子写本英文的科普书籍，我一再拒绝。原因在于，我做科普的宗旨是"提高中华民族科学文化素养"，哪又有时间去写与宗旨不沾边的书呢？同时在美国，华人读者对我的这个要求从没停止过，他们是为了自己的下一代。我两个在美国土生土长的孩子也说："爹地，您写了这么多本科普书，但我们一个字也看不懂呀！"

居家隔离，关在书房，花了一年多的时间，把我写的两本中文书，转译成英文。其中英文版《宇宙的颤抖》（*The Universe that Rings*），献给我的两个孩子，并承蒙丘成桐教授的赏识推荐，这本英文书终能于 2023 年 5 月 31 日由波士顿的 International Press of Boston, Inc. 出版社出版发行。该书以美国华裔青年为目标读者，成功出版发行后不久并推上亚马逊（Amazon）销售网页。这是我所知道的唯一一本由原创中文翻译成英文的科普书，也算是我为自己创造出来的一项纪录。我的另一本科普图书《宇宙起源》的英译本，仍在与出版社洽谈中。

我正在做的科普活动中最初写作的重头规划，是为网络上的"李博士的宇宙观"每周写一篇科普专栏文章，海阔天空，想到哪儿写到哪儿，共六十余篇，自认是我一生沉积知识的表白。热情的网友看过后，强烈建议我结集出版，即形成了本书《伸出宇宙外的手》的主体。

读我科普书籍的读者，热情奔放，自由思考，对我写作的内容，阅读仔细，深思演算。曾经在一本书中，有个数字小数点错位，一位读者透过出版社，和我连系，指出："李杰信先生，是 95 秒，不是 9.5 秒，您错了。"我赶快找到一位哈佛大学物理博士朋友讨论，和我一起做了重新计算。这位读者果然是对的。出版社也慎重处理了这个失误。我对这位读者的认真态度和他对知识热爱的深度，肃然起敬。知音难求呀！

直至今日，我依旧为科普事业奋斗，新书《冷原子实验室》也正在筹备中。我想，活着的时候，只管好好干，其他的就交给宇宙去处理吧！

李杰信

索引（按汉语拼音排序）